歴史のなかの科学

佐藤文隆

青土社

歴史のなかの科学　目次

歴史のなかの科学

第1章　ニュートリノ「スーパーポジション」

二つ目のノーベル賞

梶田さん、ノーベル賞（二〇一五年物理学賞）おめでとう。二〇〇二年の小柴さんに続くカミオカンデによるニュートリノ実験での受賞である。二つものノーベル賞をもたらしたカミオカンデはいまや素粒子物理実験の聖地である。日本はまさにニュートリノ大国だ。実際、ニュートリノというコトバの普及度は先進国中でも日本が随一であろう。

一九八七年二月、南半球でしか見えないマゼラン星雲内の超新星爆発で発生したニュートリノが地球を突き抜けてカミオカンデで捉えられた。これを機に、物理専門用語の「ニュートリノ」は科学界全体に広まり、二〇〇二年の小柴ノーベル賞で一般国民にも大ブレークした。この超新星爆発は何の事前の予測もなく不意に訪れた天の恵みであったが、これをキャッチできる装置を持っていたのは幸運というよりは「取りに行った」実力である。

「日本の物理」からＳＫへ

米物理学会の情報誌『Physics Today』一九八七年一二月号は日本の物理特集を組んだ。英語の雑誌だが、特集タイトルにはわざわざ日本語の活字「日本の物理」を使う気の入れようだ。表紙写真もカミオカンデで、特集トップもニュートリノ・バースト発見である。世界のトップを走り続けてきた米物理学界にとって日本に出し抜かれたこの発見の衝撃は大きかった。この特集はカミオカンデと並ぶ超新星１９８７ＡのＸ線観測、それに高温超伝導、超微細粒子などのハイテクとそれを推進した通産省型国家プロジェクト紹介で構成されている（第8章）。日本の実験物理の研究が世界の最前線に浮上した衝撃を伝える特集であり、この見方は世界中に広まっていった。

この世界的評価はすぐに日本に還流して小柴ノーベル賞以前からニュートリノ研究は日本のお家芸と認定され、その勢いでカミオカンデを一〇倍も大型化したスーパーカミオカンデ（ＳＫ）が迅速に建設された。一九九一年から建設が始まり五年で完成したが、二〇〇一年に一部が破損する事故があった。あの時は関係者があらゆる手立てを考えたのだろうが、私も宇宙線研究所の吉村太彦所長と戸塚洋二からの依頼で「迅速な回復を世界の学界が望んでいる」というアピールを書いたことがあった。梶田ノーベル賞のＳＫによる成果は、小柴ノーベル賞時にはすでに発表されていて、世界の学界で注目を集めている最中であった。科学界の関係者でも、二〇〇二年の小柴ノーベル賞の業績と二〇一五年の梶田ノーベル賞のテーマとの混同が多かった。この「混同」

を恐れてか、二〇〇二年当時、すでに小柴は盛んに「もう一つノーベル賞が取れるんだ」と発言していた。そして今回まさにこの豪語が実現したのである。

「経済力が支え」

大学では四年生で各研究室に分属するのに向けた学生へのガイダンスがある。京大勤務も終わりの頃、いつもは助教授がやっていたがたまたま不在で、私がこの会に出て行ったことがある。私はそこで、日本は「昔は貧乏だから理論を選んだが、金持ちになった今なら実験を選ぶ」と発言した。後で「あそこは学生勧誘の場なのに、「実験に行け」とは何事か!」と助教授に詰られてしまった。しかしこれは本音である。私たちの世代が大学院に進学した当時の貧しい日本の時代では、世界的なことが出来るのは実験ではなく理論だろうかと思う打算は当然であろう。私も理論ばかりをやっていたか、というとそうではない。超新星1987Aの日本観測チームの活躍に刺激されて、一九八七〜九二年頃、私もニュージーランドでの高エネルギーガンマ線観測隊の責任者を務めた。

二〇一五年は「戦後七〇年」特集が各紙であったが、私も日本経済新聞の「科学技術」インタビューに登場した。近年、日本人のノーベル賞受賞者が多い理由を聞かれて「七〇年代以降の日本の科学のアクティビティーの高さが、現在正当に評価されている。経済発展に伴い、物理では理論研究だけでなく実験でも世界的なレベルのことができるようになった。米国で受賞者が多いのもやはり背景には経済の強さがある。日本では湯川が火を付けたものが、経済成長とともに順当に燃え上がっているというところでしょう」と応じた。掲載紙面（二〇一五年一〇月一八日）には記者が「受賞増、経済力が支え」という見出しをつけた。二〇一六年にも続いた日本のノーベル賞で「一七年で一七個」にもなり中国でも大きく論評されたが、なぜか私のこの談話がよく引用されている。

理系の日本のノーベル賞の最近の素晴らしい成果から我々が感得すべきことは、それこそ「戦後七〇年」の日本の成長に自信を持つことだと思う。ニュートリノは分からなくても我々はこのことを感得すべきである。みんなで築いた「経済大国」を足場に各世代の若い創造的力の開花をみんなで寿ぐ国民国家の麗しい物語を見る思いがする。大事なのは、これで「何でも日本が一番」という内向きの自己満的な排外主義に転がらず、世界の注視を意識して真っ当に振る舞うことである。

宇宙か、素粒子物理か、量子力学か

いまやニュートリノの話を世界で一番多く耳にするにもかかわらず、国民のニュートリノにまつわるサイエンスが広まったかといえば心許ない限りである。これはノーベル賞報道が従来のサイエンス報道よりも桁違いに多人数を意識していることもあり浅く大雑把なものになるから仕方ない面もある。関係者から見て「違うだろう！」と思うことでも、桁違いの大舞台での伝え方の専門家でないから、誰からも報道の質にチェックが入らず誤解が誤解を拡大させている。ここで理科的解説によってこうした誤解を正そうとは思わないが、基礎科学が拡散する文化的イデオロギーには深く関わることなので、その視点で書いていることだけは付言しておきたい。

報道を見ると最大公約数的な、すなわち最少の文字数で報道する際に残るフレーズは「宇宙の解明」で、長くなるにつれて「素粒子の解明」、「ニュートリノ質量」、「標準理論を超える最初の兆候」、「量子力学の状態の重なり」などが登場する。以前、電子音楽クリエータ池田亮司の公演の際、浅田彰による司会で私が参加したトークショウのことを書いた（『科学者には世界がこう見える』第4章）が、そのタイトル「量子「スーパーポジション」」と今回のタイトルの「スーパーポジション」は同じものである。あの「シュレーディンガーの猫」の「死」と「生」が重なっている（superposed）状態のように、三種類のニュートリノが重なった状態のもとに運動するという話である。「ニュートリノ振動」実験も実は量子力学の課題でもあるのである。

電子とミューオンは他の素粒子と違った作用をするから違った種類の素粒子であり、各々違った質量をもつ。すなわち「作用」で分けても「質量」で分けても同じに分類できる。ところがニュートリノでは「作用」と「質量」で分け方が違うのである。このためある質量のニュートリノには「作用」の異なる二種類のニュートリノが「重なって」存在するのである。そして、時間的にその重なりの割合が変化する（振動する）のである。

ニュートリノとノーベル賞

きちんとした科学報道並みの正確さで言えば、小柴ノーベル賞は「宇宙もの」だが梶田ノーベル賞は「素粒子もの」である。最近、日本では医療や産業の応用でない研究を天体宇宙とは関係なく「宇宙の解明」と称するらしい。ノーベル財団の専門解説によると、今回の贈賞理由は〝「ニュートリノ振動」の実験手法で「ニュートリノ質量」を確認し、「標準理論を超える最初の兆候」を発見したこと〟である。ここでは素粒子解明にニュートリノが果たした役割に対してノーベル賞が授与された研究の流れで説明している。実に几帳面にキーポイントを顕彰しており、これが賞の権威維持に寄与している。確かにこのテーマでは評価がユニークだが、物理でも素粒子以外では、数少ない贈賞でユニークさを演出するのは難しいだろう。まして、展開が多様な化学や医学生理学ではこういうユニークさの演出は不可能であり、勢いLEDのように成果の社会的インパクトも大事になる。

二〇〇二年のノーベル物理学賞は全体が宇宙の新しい手段での観測ということでX線天文のパイオニアとしてジャコーニ、もう一つのニュートリノ天文観測でデイビスと小柴が分け合った。以前に電波天文のパイオニアも表彰している。今回の梶田とマクドナルドは独立な実験だが、テーマとしては同じ「ニュートリノ振動による質量の発見」である。この発端は太陽ニュートリノ観測をはじめて手がけたデイビスが一九七〇年代までに、観測値が太陽構造論の理論値より少ないことを発見したことにある。「ニュートリノ振動」はこの食い違いの理由を説明し、マクドナルドは「理論値」を検証したとも言える。梶田は宇宙線により大気で発生したニュートリノが走行距離で成分が異なってくることを一九八八年頃に気づき、それをSKのパワーを活かして一九九八年頃までに確実にした。

ニュートリノ振動実験——中国の台頭

一〇月六日のノーベル物理学賞発表から一ヶ月ほどした一一月八日にサンフランシスコで「ニュートリノ振動」発見へのブレークスルー賞の贈呈式があり、梶田、マクドナルドを含む実験チームを表彰した。ノーベル賞を上回る賞金を出す新参のこの賞自体にも興味があるが、ここではこの分野の俯瞰に適するので見ておく。

この賞は次の五つの実験チームとそのリーダー七名に贈呈された。Daya Bay チームの Kam-Biu と Luk Yifang、K2K and T2K チームの西川公一郎、KamLAND チームの鈴木厚人、SNOチームの A. B. McDonald、SKチームの梶田隆章と鈴木洋一郎。旧カミオカンデ撤去跡に建設されたKamLAND は東北大学の施設である。K2KはKEK（つくば市）の加速器から（to=2）SK（神岡町）

にニュートリノを打ち込む実験、T2KはT(東海村)の加速器J-PARCからSKに打ち込む実験だ。

Daya Bayとは「大亜湾」のことで、広東省の南シナ海に面した湾で、香港の東方に位置する。ここに四基の原子力発電所と一キロメートル以内にこれをニュートリノ源とした素粒子実験施設がある。二人のリーダーうちKam-BiuはUCバークレー所属だがLuk Yifangは中国アカデミー所属だ。Daya実験は中国主導のものであり、「一等国への階段」である基礎科学への投資の成果として中国国内では一年以上前から大きく報道されていた。

経済規模や宇宙技術・高速鉄道などで日本を追い越していくなか、金もうけで基礎研究は疎かという勝手な決めつけが日本の反中気分にはあるが、現実は違う。素粒子実験のほかにも、基礎物理実験では量子力学のEPRエンタングルメント実験を青海省の青海湖での一〇〇キロメートルの実験を成功させEUグループと先陣争いをやっている。これには日本は参入もしていない。また、二〇一五年のノーベル医学生理学賞には中国で育った女性研究者の受賞があった。

このブレークスルー賞はリーダーだけでなくチーム全員を顕彰するとして名前を掲示している。メンバーの概数は、Daya二六〇人、SK一四〇人、SNO二七〇人、KamLAND九〇人、T2K六〇〇人である。加速器実験のT2Kがとくに多い。これらはみな国際共同プロジェクトで、いずれも米国機関所属の人が多い。Dayaで中国以外が六〇人、SKの日本人は約半数、SNOはカナダ人以外の方が多い。KamLANDは地元が多く、T2Kは完全な国際チーム。この賞の賞金の配分法も細かく決まっている。

ニュートリノ源と検出法

これらの多様な実験はニュートリノ源と検出法で分類される。「源」には太陽（ＳＮＯ、ＳＫ）、大気宇宙線（ＳＫ）、原子炉（Daya, KamL）、素粒子加速器（ＳＫ）がある。測定法は先発のＳＫは大水槽での単純なチェレンコフ光検出だけだが、後発の他装置は体積が小規模だが、二箇所で測ったり、二つの信号をとったり、測定が複合化している。原子炉と地球源（KamL）では反ニュートリノを選り分ける能力が要るし、重水素を使うＳＮＯは全種類のニュートリノを検出できる。加速器による振動実験は日本以外でも米国とＥＵでも始動しているが、ＳＫを使う日本は先発である。Ｔ２Ｋでは東海村の加速器Ｊ－ＰＡＲＣから二九五キロメートル遠方のＳＫにニュートリノを打ち込む。加速器源と大気宇宙線源のニュートリノのエネルギーは原子炉・太陽源のものに比べて一〇万倍も大きい。

「分からなくても使える」

拙著の教科書『量子力学ノート――数理と量子技術』（サイエンス社、二〇一三年）の第一四章「実験量子力学」では次の一〇個の実験テーマを載せている。二重スリットによるヤング干渉縞、二原子による散乱光の干渉、測定に依存しない実在のパラドックス（GHZ）、EPRパラドックス、Q－ビットのテレポーテーション、ニュートリノ振動、マッハ－ツェンダー干渉系での遅延選択実験、量子ゼノン効果、「シュレーディンガーの猫」実験など。ニュートリノ振動はこうした量子力学実験の一つである。

「量子」と「古典」のギャップは古典的認知・認識・推論で進化した人間の非普遍性を描いており、私は「量子力学は人間の特殊性を炙り出している」と書いた。量子力学実験が描く現実を直観的認識の範疇に収めるのは不可能だが、「ボーア・アインシュタイン論争」の未決着などにお構いなく、実験技術の進歩で量子力学現象を操作する時代が到来しているのである。ニュートリノ振動実験もその一つだ。「シュレーディンガーの猫」の猫の生死に悩んでいる間に、現代のハイテクにはこうした「重なり」がすでに織り込まれており、ファインマンが言うように「分からなくても使える」のである。それをニュース番組で実感的に分からせる試みの不可能性こそが学問論なのである。

ニュートリノの特異性

異なった電荷の重ね合わせた場ではゲージ対称性はなくなるから、「重ならない」が、電荷がゼロなら重ね合わせ状態は可干渉性を持つ。このことは先ずK中間子と反Kの重ね合わせ状態の異なった振る舞いで確認された。これをヒントに一九五七年にソ連のポンテコルボがやはり電荷のないニュートリノと反ニュートリノの重なりを提起した。イタリア人のポンテコルボは共産主義に憧れてソ連に「亡命」した変わった男である。

一九六二年、素粒子の複合模型の構築途上、レプトンとバリオンの対応を考察するなかで牧・中川・坂田は二種類のニュートリノの重なりを提起した。これはバリオンが三種類なのにレプトンが電子、μ中間子、それに電子型ニュートリノ、ミューオン型ニュートリノと四種類あり、一つ多いので、重ねて一つ減らす意図があった。それでも重なりの差で質量が違う可能性にも言及した。一九六八年、ポンテコルボはニュートリノに質量があればこの重なり状態が走行途上で振動的に変動することを論じ、これが質量確認の実験手段になると提案した。光子の異なった偏りの重なった状態は広く量子光学で使用されているが、ここではいずれの状態も質量ゼロなので重なり具合は変動せず振動はないのである。逆に重なり具合の振動は質量の兆候なのだ。

素粒子物理の展開とは

普通の国なら知らなくてもいい誤った知識がニュートリノ大国日本では大声で刷り込まれている。一つは「ニュートリノは小さい」、もう一つは「長年ゼロと思われていた質量が見つかった」

である。「小さい」は地球でもすり抜ける特性の感覚的表現であって、サイエンスで知られた事実とは何の関係もない、言ってみれば下手なポエム（詩）のような表現である。

　後者から始めよう。まず『理科年表』のような理科のデータ集の「素粒子の性質一覧」を見てみるとよい。ニュートリノの質量としては「……以下」という上限値が示されている。これは八〇年以上前からニュートリノの質量を測る実験が重ねられ、「……よりは小さい」という結果に終わっていて、古い『理科年表』を見ればより大きな上限値が書いてある。私自身一九八〇年頃には宇宙の暗黒物質の候補として質量を持つニュートリノで超銀河系形成を議論していた。

　これ対して「ゼロ」とは理論上のある「議論」であり、よほど素粒子論に通じていないと理解できない。ところがこの「議論」を織り込んで一九七〇年代末に壮大な素粒子の一大理論体系が完成した。クオークとゲージ原理を柱とする標準理論である。そして二〇一二年のヒッグス粒子発見を最後にこの体系の登場者は全部発見され、不足も余計なものもないというピッシりまとまった体系が完成したように思えた。ところがこの「不足も余計なものもない」ためにはニュートリノは質量「ゼロ」でないといけない。標準理論の「広範な成功の威光」や「自然は簡潔が美しい」とかをありがたがるなら別だが、「ゼロ」かどうかは実験で確かめねばならない。そして今年のノーベル賞は「ゼロ」否定のキーポイントを確認したのだ。簡潔な標準理論が描く「ゼロ」の時代は何年もなかった。

　それでもなぜ「ゼロの議論」と疑問が湧くが、これにはニュートリノが他の素粒子（フェルミオン)と違って「左巻き」しかないという実験事実が絡んでいる。一九五〇年代の主要なテーマだったが、このことはまずコバルトのベータ崩壊で、次にパイオンのミューオンへの崩壊で確認された。ここで「左巻きのみ存在」と「左巻きのみ作用」の二つの見方が可能だ。後者は「右巻きも存在するのだが普通の物質との作用(吸収・放出)は左巻きのみ」との立場だ。こうした錯綜した議論が継続中だったが、諸々の素粒子現象が標準理論での説明に統合される中で、すっきりさせるため「質量ゼロ」とニュートリノは勝手に宣告されたのである。ノン・ゼロの発見はこの「宣告」へのニュートリノの反逆であり、より広大な世界への突破口でもある。

電波テクノ環境

次にもう一つの「下手なポエム」に入るが、無感覚なものを知覚する訓練に少し迂遠な話から始める。無線でつながったスマートフォンやタブレットを操っていると文字や動画が空中を埋め尽くしている錯覚に囚われる。指示をタッチして動画が現われるレスポンスが速くなったので、初めからそこに存在するものが機器で可視化されたような錯覚に陥るのである。一九世紀末、パスツールは生ものの腐敗が空気中に浮遊する微生物(バクテリア)によることを発見したが、スマートフォンならぬ顕微鏡を手にすれば空気中に浮遊するバクテリアやウイルスが見えてくるのである。

タッチ指令が「予めある中からピックアップした？」のか「どこかに飛んで行ってここに導いてきた？」のか、一瞬迷う。実際は例えばロンドンのあるビルの一室にあるサーバーに物質的に存在するあるファイルと繋がって手元に動画が現れたのだ。これは予め瀰漫する公共放送の電波群からチャネル選択で拾うのとは違う。だが雑踏の市街の空間に飛び交う多くのWi-Fiには別々の文字や動画が載っているのだ。ピックアップ出来ないのはセキュリティが掛かっている、すなわちプロトコルが整っていないのである。「あっても体感できない」、「体感できずとも機器で拾える」、「機器のプロトコルによる取捨選択」など、現代のテクノ社会に生きるとはこうした存在との多様な関係性に気づく必要があるということである。これはニュートリノ知覚の予行演習でもある。

あるものとの関係はいろいろ

「どこにも、いつでも、存在する」ものをラテン語でユビキタス（遍在する）という。まさに現代テクノ社会では情報の遍在を知覚できる。この考察は、外界のものの存在と人間の生理的五感上にあるものの存在との関係に目を向けさせる。物理や化学でいうと五感とは所詮は電磁力による作用である。物質の不貫通性は原子の電子雲相互の反発力による。重力も電磁力を通じて感じている。

素粒子的には電磁気力は基本的な「四つの力」の一つで、電磁力と重力以外の、強い力と弱い力には五感はおよばない。まして電荷を持たないニュートリノは電磁気力とは一切無関係である。存在しても作用を特定すれば無関係なのである。もっとも、放射線のようにエネルギーの高いニュートリノは完全に無関係ではなく極めて小さな確率で物質と作用する。これは宇宙線や岩石からの放射線で、五感で実感できないがきわめて僅かな作用を身体に及ぼしている。言い方を変えれば身体で「観測している」。

ニュートリノ環境

地球環境は太陽に支配され、身体も視覚や暑さとして、その電磁エネルギー流を実感している。これは太陽中心部での核融合反応に起因する。恒星のエネルギー源と元素の起源は原子核や素粒子の科学で解き明かされた。核反応でまず発生するのは放射線であるが、これがそのままやって来るのではない。発生した放射線が中心部の物質層に吸収されて熱化して外層に運ばれ、表面の高温の原子が放射する電磁波が地上にもやって来るのだ。

ところで核融合反応で発生する放射線の数割はニュートリノである。すなわちα線、β線、γ線の放射線は吸収されるが、ニュートリノという放射線は吸収されずにそのまま星の外に出て地球にも降り注ぐ。地球も貫通するから夜間や曇り日などは、ニュートリノが光を上まわる。

それでも我々の五感ではピックアップされないのは、進化に不要なのかそのプロトコルを装備しなかったからである。

最後に「大きさは？」だが、この話題に登場するニュートリノは「放射線と同程度」と答えておけば、そこで質問はストップする。量子力学ではもともと素粒子は粒子ではないから固有の大きさはなくエネルギーで言い方が変わる。大きさという量がいつもあるのだと思うことこそ人間の非普遍性なのである。

第2章　工部大学校　後進国の先進性

外国人叙勲

二〇～三〇年も続いたクリスマスカードもこの一〇年ほどは年末にメールを交換するだけに変わったが、今年はめずらしく年が明けてから彼のメールを受け取った。ケンブリッジ大学教授であった彼はロイヤル・ソサイエティ会長（二〇〇五～一〇年）に登りつめ、サーからロードの爵位へと破格の出世をした。そして二〇一六年の新年のメールには昨年末に日本政府から叙勲されたとあった。貼り付けてあった駐英日本大使館のＨＰを見ると、この期は英国人三名へ叙勲があり、Lord Rees は旭日重光章を受章した。一二月一四日にはロンドンの大使館で林景一駐英大使からの伝達があり、答礼のレクチャーもＨＰに掲載されていた。

さすがこういうスピーチの場数を踏んでいるだけあって各方面に気を配った内容が散りばめられ、日英首相会談にも触れる一方で、ロイヤル・ソサイエティが科学に貢献した国家元首に贈るチャールズ二世メダルの第一号受賞者が今上天皇昭仁であったことにも触れる。そして自分の専門である宇宙科学には、約四〇〇年前にキャプテン・サリ（John Saris）が平戸に入港して、ジェームズ一世の親書と共に二レンズの望遠鏡を将軍あてに献上した史実にふれ、その続きでSUBARU望遠鏡からX線衛星ASTRO－H、Super-KAMIOKANDE、KAGRA（重力波）などの日本の現在の宇宙研究の賞賛へとつないでいく。そしてレクチャーの後半では、宇宙科学の一般書も多く執筆している学者の一面と重要な職責で関わった環境問題などを踏まえて、議論は人類の未来論にまで及んでおり、単なる叙勲の答礼を遥かに超える内容である。

〝長州ファイブ〟

レクチャー冒頭の日英関係の歴史に触れた部分に次の一節がある。「私は二年前にこの大使館を訪れ、本日の聴衆の多くの方々にもその時にお会いしました。それは〝長州ファイブ〟の英国への到着以来一五〇周年という重要な英日（Anglo/Japan）関係を記念する集まりでした」。これは日本にいては接し得ない駐英日本大使館の活動の一端だが、映画やマンガになっている〝長州ファイブ〟が日英文化交流の重要なアイテムになっていることを教えてくれる。彼のレクチャーにも「五人に続く一九人」とか、やけに詳しい史実も語られており、この話が親日英国人に相当普及しているのである。

「明治維新以前から、ロンドンのUniversity College（ＵＣＬ）は日本人留学生のメッカとなっていた。ＵＣＬに登録した最も興味あるグループは、一八六三年に西欧をみずからの目で見ることを使命として密航した有名な長州五人組だった」（オリーヴ・チェックランド著、杉山忠平・玉置紀夫訳『明治日本とイギリス』法政大学出版局）。伊藤博文（首相）、井上馨（外務大臣）、野村弥吉（のち井上勝、鉄道）、山尾庸三（造船）、遠藤謹助（造幣）の五人はいずれも国家的指導者になった。また一八六五年には薩摩藩からも十数名が密航したが、彼らもみなＵＣＬの化学教授ウィリアムソンの助力を得たのであった。

ＵＣＬへ安倍首相の感謝状

彼のメールで長州ファイブのことを知ってしばらくした二月初め、東京からの帰りの時間調整でオアゾの丸善に立ち寄った。検索マシンに「長州ファイブ」と打ち込んだら、古賀節子『英国留学生の道標』（中央公論事業出版、二〇一五年）がヒットした。売り場ですぐに買い求め、新幹線が京都に着くまでに読み終えたが、「歴史は必ず証拠を残す」という実感を深くした。後日、『日本経済新聞』（二〇一六年三月二〇日）文化欄にこのテーマで書いた私の文章を認められた古賀氏より犬塚孝明『アレキサンダー・ウィリアム・ウィリアムソン伝』（海鳥社）を寄贈いただいた。大河ドラマのネタになりそうな維新物語の一つだが、一五〇年の空白を超えて、アレキサンダー・ウィリアム・ウィリアムソン（一八二四〜一九〇四）という人物を顕彰した〝現在の動き〟をこの本で知った。二〇一三年七月二日、ロンドン郊外のブルックウッド墓地で、大使館も共催したウィリアムソン夫妻顕彰碑の除幕式があり、彼が所属していたＵＣＬの現学長に安倍総理大臣の感謝状が手渡されたという。

この動きに繋がる前史として維新期にロンドンで客死した四人の日本人留学生の墓が偶然発見されたことがあったらしい。一九八三年頃、ロンドン近郊の墓地の整備で破壊されそうな日本人の墓石を見て大使館に知らせた人がおり、在ロンドンの日本人が見に行くと確かに漢字と英文の記述があり、役所に埋葬記録もあったという。これと前掲書著者の祖先が佐賀藩の留学生としてロンドンで客死したという語り継がれた話が結びついたようだ。四人の身元もみな明らかになり一九九八年にはこの墓石の地に日本人留学生記念碑が建立された。そしてまさにこの記念碑除幕式の折に同じ墓地内にウィリアムソン夫妻の墓石が見捨てられた状態で見つかった。夫妻は勉学や生活の手助けだけでなく身寄りのない日本人の埋葬にも関わっていたのである。

ウィリアムソン・ＵＣＬ・グラスゴー

ロンドンに着いた長州や薩摩からの留学生たちは、密航の仲介をしたアジア貿易を手がけるマンセン商会の手配で、ＵＣＬに送られ、そこの教授の一人であったウィリアムソン夫妻が彼らを受け入れたのである。ウィリアムソンは英国人だが父の仕事の事情もあって主に大陸で育ち、ドイツのギーセンの化学者リービッヒのもとで実験化学を修め、帰国してUCLの教授となり、英国化学会の黎明期に名を残す科学者である。彼自身が他国で学んだ経歴や妻が協力的だった事情などが留学生を親身に援助した背景であったと指摘されている。アパートが決まるまで一時的に留学生を家に泊めたり、夫婦一体での援助であった。科学者としての事績は語り継がれていた人物だが、子孫の不在が〝見捨てられた墓〟の理由かもしれない。

ウィリアムソンのもとで学ぶ学生だけでなく、UCLは英国での日本人留学生のメッカとなっていた。長州ファイブの一人である山尾庸三は、UCLで学んだ後に、ウィリアムソンの示唆で造船を目指して働きながら夜間に学べるグラスゴーに移り、大学との関係も築き、後続の留学生の第二の拠点を築いた。明治開国の先発留学組は帰国して産業や教育機関での人材育成の指導者になったから、初期の理工系の外国人教授はUCLやグラスゴー大学の関係者が大半であった。そして若い彼らはみな高等教育への理化学や工学の新たな展開の意欲に燃えていた。後述するが、彼らは日本で実験をやってその成果を本国英国で展開するという〝逆輸入〟まで演じているのである。新生日本のスタートダッシュには幸いな人材を得ていたといえよう。

二種類の英国留学生

日本からの英国への留学生は一八八〇年代以前（明治二〇年代以前）と以後では性格が変わったという。「以前」では予めの準備なしの渡航であるが「以後」では語学も専門基礎も準備した上での渡航である。「以前」の英国留学には実学志向が多く、経費軽減のために聴講生として単科課程の登録をするだけで卒業資格取得にはこだわっていない。このため卒業者名簿に記載がなく大学の文書からの総数把握が難しいという。チェックランドの前掲書では一八八〇～九〇年代には、グラスゴー周辺のスコットランド（S）、ロンドン（L）、オックスフォード・ケンブリッジ（OC）の三地域に各々一〇〇名ぐらいだろうと推定している。

同じ英留学生といっても、SとLは実学志向、OCは国際社交界入り志向であり、人士も経費も全く異なっていた。OC（オックスブリッジと呼称）の場合には仲介者を介してカレッジに居住するのが主な目的である。現地で教育係のチューターを雇用し、時には日本からも従者を伴っていく。こういうタイプの学生はオックスブリッジでは珍しくなく、日本でも新興華族の権威創出投資の一つであった。一時は国際儀礼を身につけるために日本人のクラブを作ったり、日本語を解するフェローを雇ってサービスをするカレッジもあった。最近、ハーバード大学の一角にはこうした中国クラブの存在が噂されたりしているが、日本の開国時にも似た動きはあったのだ。時代は下がるが、第一次世界大戦後の日本の経済好況で生まれた〝成金〟が子弟をオックスブリッジに留学させたのもこの流れである。白洲次郎がケンブリッジ留学時代に築いた人脈で第二次世界大戦後に東北電力社長として電源開発費の融資を英国金融界から獲得した話は有名である。

菊池大麓と数学トライパス

日本の理化学や工学の黎明期に貢献したのはＵＣＬやグラスゴーであり、オックスブリッジは何の役割も果たしていない。ところがこう断言すると一つの巨大な例外が立ち現れる。東大学長、文部大臣、京大学長、貴族院議員、男爵、学士院長、枢密顧問官、初代理化学研究所長など、あらゆる顕職を務めた菊池大麓（一八五五〜一九一七）はケンブリッジ大学卒（一八七七年）なのである。天才児として一二歳で幕府の英国留学生に選抜され、維新で一旦帰国するも再度新政府から派遣されて英国の名門高校に正式入学し、首席で卒業して頭角を現し、ケンブリッジ大学に進学して数学と力学を学び、卒業試験に当たる数学トライパスも優秀な成績でクリアした。まさに国際的〝試験秀才〟にランクインして帰国し、帝国大学（当時は東大一校だけ）で数学を教授した。まだ外国人教師もいる時代で、彼もすべて英語で数学の授業をした。講義と学術行政に忙殺された為か、それとも数学トライパスの精神性が必ずしも研究という精神性でなかった為か、彼は数学の研究にはこだわらなかった。このために日本の数学研究は日本で学んだ次世代のドイツなどへの研究留学で始まることになる。

科学をめぐる一五〇年の変貌

ロイヤル・ソサイエティ会長やトリニティ・カレッジのマスターなど英国学問界の地位をきわめた宇宙物理の研究上の友人が日本政府の受勲を受けた話から、日本の科学技術黎明期の日英交流を振り返る機会となった。そしてこの一五〇年の時間差をおいて提示される姿にある奇妙な齟齬に気づかされた。ニュートンの昔からケンブリッジ大学、とりわけトリニティ・カレッジは多くの科学者を輩出した長い歴史を誇っている。またオックスフォード大学もケンブリッジ大学と並んで、明治開国期にも、学問の最高学府であり知的権威の殿堂であった。友人の目を見張る出世ぶりもケンブリッジ大学の持つ伝統と威信に無関係ではないだろう。

ところがこの「伝統と威信」を背負った人物から語られる明治開国期の科学技術をめぐる日英関係にオックスブリッジは登場しないのである。工学や科学の威力に惹きつけられて英国を目指した日本の若者たちにとってオックスブリッジは眼中になかったのである。この「齟齬」を追究していくと、変貌を続ける科学や工学のダイナミズムが見えてくる。「ニュートン以来三〇〇年」という場合の科学と世界に先駆けて工学を総合大学の中心にすえた明治日本の科学技術はどういう位置関係にあるのか？　現在もその変動期にある〝社会のなかの科学〟をこのあたりから再考してみたいと考えている。

遅れていたオックスブリッジ

産業革命発祥の英国だから、鉱山、製鉄、造船、鉄道、機械などに関わる研究と専門人材の需要に応じた高等教育機関の増設は進んでいたのだが、伝統的知的権威の頂点にあるオックスブリッジはこの新潮流の対応になかなか腰をあげなかったのである。明治開国期の日本が出会ったオックスブリッジはこの退嬰期から脱却しようと動き出す直前の時期であり、前述の「齟齬」もここに由来する。低級な実学志向の明治日本にはオックスブリッジは高尚過ぎて近づけなかったというのでは決してない。オックスブリッジが時代に遅れていて、明治維新の一〇年ぐらい後から実験科学を取り入れる改革に取り組んで二〇世紀前半の科学を引っ張ることになるのである。

一八五一年に万国博覧会をロンドンで開催して英国が「世界の工場」であることを見せつけたが、回を重ねるごとに英国の出し物は見劣りするようになった。国民国家の形成期であり、ナショナリズムと結びついてこれが政治家のイッシューとなった。とくに一八六七年のパリ万博は英国の衰退を印象付けた。「この博覧会の審査員もつとめたライアン・プレイフェアーは科学教育の改革の口火をきった。彼はドイツのリービッヒ研究室への留学組であった。〞産業の進歩に欠くことの出来ない抽象的科学（純粋科学）の研究〞と題した講演において、技術の実際的能力の教育を科学研究の実践と結びつけることを唱えた。豊富な鉄鉱石・石炭の存在と実際的能力で、それまでの英国の産業は優位に立っていたが、いまや原材料は枯渇するし、実際的能力は科学研究に結びついた能力に変わっていかねばならないと」（拙著『職業としての科学』、岩波新書）。こういう言い方は近年の日本の科学技術創造立国政策のなかでも盛んに唱えられているが、この頃に初登場したものなのである。

「大理石」と「ブリックス」

革命で指導層が変わった共和制のフランスでは、伝統的大学とは別に、いち早く理工系専門家養成の高等教育組織を創設した。またナポレオンに蹂躙されて科学技術の遅れを悟ったドイツ諸公国は一斉に富国強兵めざして高等教育と結びついた実験科学や数理を熱心に導入した。伝統的な技術の世界はギルドなどが担っていたが、光学、熱学、化学、電気学の応用が産業界に広がり、その人材養成が高等教育に求められていた。リービッヒなどのドイツの実験化学の活気に魅せられて英国からドイツに留学する若者が増え、六〇名にも達したという。かのウィリアムソンもこうした青年の一人であった。

英国でも理工人材育成から新構想大学（ロンドン、マンチェスター、バーミンガム、グラスゴー、ダーラムなど）が新設された。しかし、オックスブリッジでは「ジェントルマンが電気に触るとは……」といった気風から抜けきれず、手を汚すブルーカラーを使いこなすエリートの養成だとして、実験科学の教育には踏み切らなかった。オックスブリッジ出身者は新構想大学や軍の士官学校上がりの理工専門家を〝ブリックス〟と呼んで一段低く見たという。オックスブリッジの建物は確かに大理石だが、新構想大学の建物は総じて煉瓦（ブリック）造りであった。そして明治日本の最高学府は中身も外観もみなブリックスだったのである。

英国実験科学の輝き

誤解のないように注意しておくと、実験科学の研究も教育も英国が仏独に比べて見劣りしていたわけではない。フック、ボイル、ニュートン、ラムフォード、キャベンディッシュ、ワット、ヤング、デイビー、ファラデー、ダルトン、ジュール、ケルビン、トムソン、ラザフォードなど、英国の実験科学は科学史上に燦然と輝いている。ただそうした実験科学が知的権威や社会的威信において持っていた重みが時代によって違っているということである。最高学府のオックスブリッジと実験科学をめぐるこの「齟齬」は知的権威であろうとする大学と学問をめぐる時代の変動を我々に教えているのである。

一九世紀になると実験科学には高価な電池などのインフラが必要になったが、実験所と公開実演場を備えた Royal Institute をラムフォード卿が自費で創設した。またニュートンの時代からある Royal Society は名士のクラブから、この時期には専門家間の研究情報の交換、検証、顕彰といった現在の学会組織に近いものに変貌していった。また常人の職業となった科学や技術の専門家組織が世界に先駆けてできたのも英国だった。まさに現代科学技術界の先進国なのであるが、それら全てにオックスブリッジは何の関与もしてなかったのである。

ケンブリッジ大学の理工新設

仏独と英国での科学や工学の社会的威信のギャップをエリート層も意識し出し、一八四七年から亡くなる一八六一年までケンブリッジの総長の地位にあったアルバート公も新しいトピックスを大学に導入することを熱心に勧めた。またプレイフェアーらによる議会委員会の理工系拡充の方針も受けてケンブリッジ大学は一八七四年にキャベンディシュ実験所、翌年には力学と技術工学の講座を新設した。

しかし設置目的の適任者を得るまでには時間を要した。「キャベンディシュ」の初代マクスウェル、二代目レイリーはともに物理学史上の重要人物だが、数理面の天才で腰掛け的であった。設置目的である実験研究が本格的に滑り出すのは一八八四年に着任した三代目のJ・J・トムソンからで、その後継の一九一九年からの四代目ラザフォード時代に黄金期を迎えた。三代目まではいずれも数学トライパス一位組で、トムソンは実験器具に触らなかったというが、ニュージーランドのラジオ少年からケンブリッジにやってきてラザフォードの世代から初めて現代に通じる実験研究者像ができた。この大学の物理学科「キャベンディシュ実験所」はそのＨＰでは二九名のノーベル賞受賞者を誇っている。

工学講座も目的に沿った人材を得て実質的にスタートしたのは日本で外国人教授の経験のあるユーイング（一八五五～一九三五）が一八九〇年に着任してからであった。日本での経験をかわれての逆輸入で日本から人材を得ているのである。オックスフォードで工学講座ができるのはさらに一九〇八年まで遅れる。

ケルビン、マクスウェル、ヘルムホルツも持てない豪華な実験室

実験科学の教育にはそれまでの学校にない高価な設備や維持費、訓練された助手や広いスペースを要した。これは従来の学校の常識をはみ出るものであり先進国でも苦労の連続であった。「グラスゴー大学が一八七〇年に中世の都心からギルモアヒルに移転するまで、ケルビンは、ある石炭貯蔵庫で自分の実験研究を要求していた」。

ところが前例のない日本では、一八七〇年代、工部大学校（東大工学部の前身）の若い教授たちが実験施設を要求すると、雇い主はおおむね提供した。また彼らは同じ実験室を多面的に生かす実験教育法にも工夫をこらした。三、四年時の実験室の使用について「ダイヴァース教授は、化学実験室が鉱山学・電信学専攻の三年生と応用化学・冶金学専攻の四年生の間で共用できるように授業を編成した」、「すべての必要な装置や薬品は、それを完全に各学生が使用できるよう、大

学から学生に無償で提供された」、「加えて一般図学教場や設計図教場が見習い技術者・建築家の利用に供された」。

物理学の外国人教師として一八七三年に来日したウィリアム・エアトンの実験室を見たジョン・ペリーはその豪華さへの驚きを次のように記している。「私は一八七五年に来日したとき、世界のよそでは見たことがないような素晴らしい実験室を発見した。グラスゴーとケンブリッジとベルリンに三人の偉大な人物がいた。しかしながらケルビン、マクスウェル、ヘルムホルツの実験室は、エアトンのそれと比較すると、見るべき何ものもなかった。見事な建物、上手に選択された素晴らしい設備、偉大な創造力をもつ休むことのない眼光鋭い責任者、これらが日本で私の発見したものだった」（引用はいずれもチェックランド前掲書）。

工科大学新設ブーム

三輪修造『工学の歴史』（ちくま学芸文庫）にそって工部大学校を位置付けておく。一七九四年創設のパリのエコル・ポリテクニクは数学と理化学に基礎をおく技術教育の嚆矢である。これに倣って理工科学校がドイツ語圏ではウィーン（一八一五）、カールスルーへ（一八二五）、ハノーヴァー（一八三一）、チューリッヒＥＴＨ（一八五五）、イギリスのアンダーソン・カレッジ（一八二六）、フランスのエコル・サントラル（一八二九）、アメリカのＭＩＴは南北戦争後の一八六五年の創立である。アインシュタインはＥＴＨで物理学を修めた。一八七三年創設の工部大学校は先進諸国の中でも見劣りしない。また総合大学の中に工学部をおいたのは日本の東京大学が世界初だが、これはその後に世界の潮流になるのだから、伝統のしがらみにとらわれない後進国の先進性といえる。

グラスゴーのケルビン

くだんの友人との交流で一九七〇年代からケンブリッジを何回も訪れたが、英国学術界の重要なポストに就くたびに埋め込まれた制度史に目がいった。その一つが数学トライパスで、ここで選抜される数学の天才が実験や技術の世界の指導者にもなるのだが、その典型がロード・ケルビンである。その足跡を訪ねるべくグラスゴー行きを期したが、研究上の結びつきがなく、なかなか機会がなかった。

ようやく、友人がトリニティ・カレッジの学寮長であった時期の二〇〇七年に訪英した際に、エジンバラ観光をかねて、グラスゴー行きを果たした。キャンパスには巨大な銅像がそびえ立ち、医学者ハンターが寄贈したというミュージアムの二階部分が愛用の猟銃などを展示した展示場であり、ケルビンは健在であった。拙著『職業としての科学』と『異色と意外の科学者列伝』（岩波書店）の一部に数学トライパスやケルビン伝を簡潔にしるした。ケンブリッジの数学卒業試験（トライパス）の上位者は、一九世紀中頃までは、大司教や司法官や植民地総督などの顕職に出世したが、後半では、学者の登竜門に変わっていった。ケルビンの華麗な生き様には今日の我々の科学者像を超える活躍があったのである。

第3章　重力波検出実験の社会科

久しぶりの米国

ニュートリノから重力波へ

二〇一五年一〇月のニュートリノ実験での日本人のノーベル賞受賞発表に続いて、二〇一六年二月には米国の重力波観測装置ＬＩＧＯ（Laser Interferometer Gravitational Wave Observatory）での大発見のニュースが世界を駆け巡った。この間一〇月から一二月にかけて、アインシュタインの一般相対論誕生一〇〇周年を記念する一五もの講演会が連携して日本各地で開かれた。一見悠長な一〇〇周年記念の催しだが、企画した側にはこの機会をＫＡＧＲＡという日本の重力波観測始動への景気づけにする意図もあったようだ。私は名古屋大学での講演会で誕生劇（『現代思想』臨時増刊号「総特集リーマン」に掲載の「一般相対論最終盤のアインシュタインとヒルベルト、そしてリーマン」参照のこと）を喋ったが、同講演会でノーベル賞発表後間もない梶田氏は宇宙線研究所がすすめる神岡トンネルに建設中のＫＡＧＲＡの話をした。レーザー技術を駆使した重力波観測装置の研究は米国とならんで日本でも長年進められていたが、ＬＩＧＯを凌ぐ性能のＫＡＧＲＡの装置設置の時期が「一〇〇周年」とたまたま重なったのだ。たかが「装置設置」なのだがノーベル賞受賞者がＫＡＧＲＡの記者会見をしたので大きく報道された。

一般の多くの人にとっては、ニュートリノも重力波も〝知の地平を拓く〟ひと括りの話題であり、細かく進捗状況をフォローしているわけでないだろうが、一方で日本の研究の国際的な位置には関心がある。二月の重力波発見のニュースで「神岡の地下に据付けたＫＡＧＲＡに、早速、重力波がひっかかった？」と誤解した人があったかも知れない。そこまでではなくとも、日本ではニュートリノも重力波もあの神岡の地下トンネルにあり、実績のあるニュートリノと新たな重力波への挑戦の指導者が同一人物であるというややこしさもある。さらに、アメリカのニュースはすでに「発見」なのに、日本のニュースはまだ「装置設置」なのかと、何か釈然としないものが残ったかもしれない。

五ヶ月遅れの二月発表

米国の「発見」発表によると、米国のルイジアナ州とワシントン州の二箇所にある二台の装置に同時に重力波が観測されたのは二〇一五年九月中旬であった。その後、世界中に分布する一〇〇〇人ほどの観測チームの内部で慎重にそのデータを点検し、公表されたのが観測から約五ヶ月後の今年二月一一日であった。装置自体は米国のものだが観測チームは一五ヶ国、九〇研究機関、約一〇〇〇名のメンバーから成るという。一〇〇〇人もの人間に何ヶ月間も箝口令をしくのは大変のようで、途中で「発見」の噂がツイッターで流れたこともあり、最終的には事前に予告した記者会見をワシントンDCのプレス・コンファレンスで大々的に開催した。オバマ大統領が直ちにツイートし、報道機関は予め用意していた映像資料と一緒に世界中にニュースを広げた。インド首相モディが三台目のＬＩＧＯをインドで二〇一八年までに稼働させると唐突に表明した。中国が波長の長い重力波を検出するスペースでのレーザー干渉系の計画に、ＥＵのＬＩＳＡと連携して、始動させるという既報のニュースも想起された。

考えてみれば、発見された二〇一五年九月の時点では、まだ〝ノーベル賞の梶田氏〟もいなかったし、一一月の日本の「装置設置」前に「発見」一番乗りが既にいたのであり、アインシュタインへの「一〇〇周年記念」の贈り物は既に買われていたのである。

ビッグデータを見張るＡＩ

こうした自然を観測しての発見には昼夜たがわず観測装置の計器と睨めっこしている光景を連想しがちである。そこに待望のシグナルが現れて〝わあー、大発見！〟と叫ぶような劇画の一コマが思い浮かぶかもしれない。ところがこの五ヶ月にも及ぶ箝口令からも想像されるように実相はだいぶ違うようである。

米国の二台の装置は〝長さ〟変動の時系列データをたえず吐き出しており、デジタルデータとして保存される。一年で一ペタバイト（一〇〇万ギガバイト）のビッグデータを生成する。そしてこれを予め設定してある情報処理のアルゴリズムによって二台で同時刻に同じ変動のシグナルをサーチするのである。そしてこのＡＩ操作で候補が見つかると自動的にコンピュータがチームメンバーにｅメールでメッセージを発するようにしてある。

装置が吐き出す生データは宇宙からのシグナルと装置で発生したノイズの混じったものである。ノイズは各装置ごとに生ずる変動なのでバラバラだが、宇宙からのシグナルは両装置に同一の変動のデータを残す。だから生データから同時期に同一の変動のものを探し出せば、それが宇宙からのシグナルの候補であるということになる。

緩慢な発見行動

二〇一五年九月一四日九時五三分頃（ＵＴＣ）頃、コンピュータＡＩはメンバーの受信箱に「ヘイ、これを見よ！」というメッセージを送った。情報処理には二、三分かかるので、この二台で一致するシグナルは九時五一分頃にあったと思われる。この頃に三〇〇〇キロメートル離れた二箇所の装置に〇・四秒ぐらいの間続く同じ変動のシグナルが現れた。正確にはルイジアナの方が七ミリ秒ほど早かったが、その時間をずらすとほぼ同型の波形である。これは微小なもので生データでの全変動の振幅の大きさの約一〇〇〇分一程度のシグナルを拾い出したものである。予めの情報処理はあくまでも粗くサーチする操作であり、見つかった「候補」をさらに精査するのはメンバー達の役目である。コンピュータＡＩのメッセージを受けてどう行動するかは人間の側にかかっているのだ。

コンピュータのメッセージはeメールとしてメンバーに一斉送付される。後から何時でも見られるのだが、たまたまこのメールが受信箱に入るのを見ていたメンバーも何人かいた。例えば、『Nature』誌はドイツ・ハノーヴァーにあるＭＰＩの研究員ドラゴのことを伝えている。この時間、ドイツでは勤務開始間もない時間帯である。飛び込んだメールを開封してみると、二台の装置の二つの波形のプロットが示されていた。それは正にメンバーが探し出すよう訓練されていたシグナルであった。まだ誰も自然のシグナルは見たことはなかったが、二つのブラックホールが合体する際に放出される重力波のシミュレーションによる理論予想と瓜二つであった。

実はこの時期、ＬＩＧＯは五年間のアップグレードを終えて、正式の半年のデータ収集ランに入る直前であり、一種の調整期でもあった。このメールを見たドラゴはこれが「発見」だと瞬時には判断しなかった。まず同僚の部屋にいって「インジェクションの通知があったか？」と尋ねた。連絡が無かったことを確認した上で、彼は初めて候補「発見」を注意喚起するメールを世界中のメンバーに送った。このメールをすぐ見た二人のボスは、これはインジェクションだと思い、会議中だったのでそれが終わって、昼食後に彼らを呼んで聞こうとおっとり構えた対応をした。
二台の装置の一つがある米ワシントン州ハンフォードでは早朝二時であったが、コンピュータからのこのメールが入ったのに気づいた人がいた。しかし彼もこれはインジェクションだと思い、夜中に大騒ぎはせず翌朝の始業後にゆっくり確認しようと考えたという。ともかくインジェクションというチームのしきたりがメンバーの行動を決めていることが分かる。これがシグナルを瞬時に「発見」と判断させせない理由なのである。

「インジェクション」

過去のデータにもアクセス可能だが、誰でも新鮮なデータに触れてみたい。だが何時シグナルが来るか分からないから普通の勤務時間で作業をすることになる。すると時差の関係で最初にデータを見る時間帯が決まってくる。メンバーは米国に多いのだが、どうも今回のシグナルは米国では早朝すぎ、欧州が勤務時間内だったのでドイツで最初に気づかれたようである。
多分、一〇〇〇人もいるというメンバーの大半は、観測装置には触わりもせず、こういう情報処理作業に従事しているのだと思う。観測期間はもう一〇年になるが、これまで一個のシグナルもなかった。実例が一つもないとなると、探している人間の緊張感も薄れる。そこで編み出されたのがインジェクションというしきたりなのである。

injectionとは注射の意味だが、ここのジャーゴンでは偽シグナルのことである。ある限られた管理者が時々偽シグナルを生データに注射するのである。どうせ無いのなら、探す作業をしていても、サボって何もしなくても、〝シグナル無し〟の報告が正しいとなると、人間、真剣さが薄れてくる。これを防ぐのがインジェクションである。サボっているとインジェクションに気づかず、信用を落とすことになる。またこのしきたりは本物が現れた時に気づくイメージトレーニングでもある。

バー振動からレーザー干渉系へ

「アインシュタイン一〇〇年の宿題」と表現された重力波を検出する試みは一九六〇年代からあった。一九七六年に書いた拙著『ブラックホール』（ちくま学芸文庫）にはウェーバーのバー型や日本のパイオニア平川浩正の平板型アンテナの機械的歪みを圧電素子で電気的に測定する方式を書いている。これの次は低温化する方向に向かうかに見えたが、この後にワイズ考案のマイケルソン型干渉計方式に流れが変わった。また、一九七四年、電波天文でパルサー連星の公転周期の減少が見出され、これが重力波放出の間接的証拠であるとして、テイラーとハルスが一九九三年のノーベル賞を受賞している。

その後も直接検出は追求され、量子光学やレーザーの長足の進歩を取り入れた、ソーン、ドレバー、ワイズのLIGO構想にNSFが一九九二年に予算を付け一九九七年頃稼働した。アイデアはワイズに始まるというが、理論家ソーンの構想力で実現した。ドレバーは職人肌の実験家でソーンがグラゴーからカリフォルニア工科大学に引っ張った。

日本でもこのレーザー方式に早くから切り換えて三鷹の国立天文台に試験装置をつくって地道に技術を発展させた。そして本観測サイズのKAGRAではノイズ除去で特徴をだそうと地下敷設を目指したので、トンネル工事に結構時間がかかって「一番乗り」をのがしたようだ。しかし地球上の離れた三箇所以上の場所で観測しないと重力波源の方向が決められない。一番乗りの発見は二台でやれたが、観測データが宇宙を探る有用な道具になるには三台以上必要である。LIGOは三台目としてイタリアにあるEU（欧州）共同のVirgo装置を想定しているが、Virgoはまだ稼動しておらず、日本のKAGRAの稼動が世界的に切望されている。重力波が存在すること自体は当然なのだから、それが宇宙探索のツールに成長しなければ価値がない。その内に年間数十個も発見され、電波、光学、X線、ガンマ線、ニュートリノなどと連携して本格的な重力波天文学が始まると期待されている。

「久しぶりの米国」

科学上の発見をめぐる派手な発表風景は二、三年で急に増えている。CERN（EU）でのヒッグス粒子とノーベル賞、CMBのBモード（US）、STAP細胞、ESA（EU）キュリオシティーでの火星映像、ニュートリノ振動ノーベル賞とブレイクスルー賞（日本、カナダ、中国）などなどである。このうち二つ（Bモード、STAP）は誤認として取り下げられた。世間の耳目集めに精をだす近年の科学界の危うい姿であるが、巨大な設備と何百、何千という関係者の日々の生活を結ぶと、「発見」＝達成＝作業終了では失業である。「大発見」を次の資金獲得に結びつける演出が欠かせない。「達成」を個人の名誉に回収する従来の仕組みは巨大組織では実感を欠いている。

国別にこれらを見ると気づくのは、素粒子でも宇宙でも二〇世紀後半の発見を引っ張った米国の凋落である。ヒッグスも火星もEUであり、ニュートリでも米国抜きである。膨張宇宙のパラメータを決めるうえで威力を発揮したCMB揺らぎ観測も締めはEUのPLANCK衛星であった。私は冷戦崩壊が米国の基礎科学の巨大実験に影響したと論じている。ヒッグスはまさに米国でのSSC中止事件の記憶を甦らせるものだ。拙著『科学と幸福』（岩波現代文庫）はそれを扱ったものである。

今回の発見はこういう二〇年も続いている米国基礎研究界の重苦しい雰囲気を吹き払う「久しぶりの米国」なのだ。またLIGOは従来のDOEやNASAのビッグプロジェクトより一桁小さな金額である。SSC中止と何らかの連動はあったのかも知れない。そういえば初代所長はSSC中止でLIGOに移った加速器のバリッシュだった。

冷戦期の The Physicists の特異性は以前「オッペンハイマーという選択」（『科学者、あたりまえを疑う』（青土社）第11章）に書いた。核戦争対決を発端とするＡＥＣは素粒子原子核の基礎科学を含んで出発し、ＮＡＳＡもスプートニクショックで設置された国家威信確保機構であった。その後、ＡＥＣはＤＯＥへの改組とかで兵器とは分離した、加速器実験は冷戦崩壊後に他の国家並みに基礎科学の範疇に分類された途端に予算額は桁落ちした。ロケット自体も国家シンボルから宇宙ビジネスに変貌する中でアイデンティティが問われている。こうした中、高付加価値の医療製薬育成という産業政策にむけたバイオ研究のＮＩＨが急拡大しているというのが現状なのだ。

米下院科学・宇宙・技術委員会公聴会

「久しぶりの米国」であるから、科学族議員たちにとっても「久しぶり」に溜飲が下がる機会である。「発見」会見からほどない二月二四日、米下院科学・宇宙・技術委員会は早速関係者を召喚して公聴会を開いた。ＮＳＦとCaltech、ルイジアナ州立大、ＭＩＴの四人が出席した。ＮＳＦは「四〇年の長期に渡る支援」を強調した。建設費に四・八億ドル、それを含むトータルは一〇億ドル（一＄＝一〇〇円で、一〇〇〇億円）である。装置維持経費は年間四〇〇〇万ドル。運営はＬＳＣ（LIGO Scientific Collaboration）が行い科学上のメリット（重力波検出、重力の基礎物理、天文観測のツール）以外の理由で参加を拒まないという民主主義的ルールを掲げている。メンバーは二〇一六年二月現在で一〇一二人、国別の割合は米国五三、ＵＫ一三・一、独一二・三、インド六・

〇、オーストラリア六・一、露二・六、韓国一・三、イタリー一・〇、ハンガリー一・一、スペイン一・二（いずれも％）など、ポジション別割合は大学教員／シニア科学技術者二七、大学院生二五、PD一七、学部学生一一、S／E一〇、雇員八（いずれも％）。

「一〇〇〇億円のリターン」

こういう基礎科学の「大発見」では探求する興奮・深い満足感・畏敬の念などの語りに終始しがちだが、国会議員を前にした証言なので研究者はもっと手短に「一〇〇〇億円のリターン」を語っている。

第一は米国が世界をリードして新しい天文学を誕生させたことである。第二と第三はハイテクと情報処理ＡＩの技術への波及だ。世界で最も安定したレーザー、世界一のミラー、世界一の大きな真空システム、さらに量子計算への波及などを全米や海外の民生技術の企業と提携している。ビッグデータから微かなシグナルをサーチするのは情報科学の最前線の課題である。またブラックホール合体の計算などはスパコンによるシミュレーション科学の最前線である。

第四の、そして最大のインパクトは科学人材の開発である。ＮＳＦの基金はCaltechとＭＩＴだけで一〇〇名のPhDを生み、他の関連大学でも同様だ。アカデミアに止まった者もいるが、他はＮＡＳＡやLivermore国立研究所、シリコンバレーの巨大企業やベンチャー企業、防衛産業や航空産業、バイオ企業や情報通信企業、金融業さらにK12の学校教員もいる。卒業生はMicrosoft、Google、Boeing、SpaceX、NorthropGrumman、Celestron、Cytec Engineered Materials、GE Global Research、Geneva Trading、Seagateなどに就職しているという。また過去一五年の間におよそ五〇〇人の学部学生がLIGO研究者と一緒に夏季研修プログラムに参加して、研究者へのキャリアのみちを支援している。この観測所を基礎にしたLIGOの教育プログラムでは毎年約二万人の学生、学校教員、一般人の啓発をしている。今後は一定期間チェックの済んだデータは市民に開放するとアナウンスしている。

The Physicists ホイラー

一九九八年春に私の還暦を記念した国際会議が京都であった。多分その時が初来日であったと思うがソーンが夫婦連れでやってきた。LIGO完成間近の時期で、重力波観測の国際協力を説いたが、最後をこう結んだ。「私の講演から分かるように、多くの寄与が日本の相対論スクールの理論家達からなされたものであり、彼等に対して佐藤は強力な激励者でありメンターであった。彼の六〇歳の機会に講演できたことは、私にとって喜びであり、名誉なことであります」。この分野の人には周知のことだが、現在の日本で、重力波のブラックホール固有振動、合体シミュレーションや観測データ解析の研究でも活躍している多くの研究者は私が京大教授時代の研究室出身者である。ソーンの結びの言葉もそれを伝えている。

研究歴の中で自分の後任の人選に影響力を行使したことが一回だけある。理学部に移ったあとの基礎物理学研究所の教授職である。この頃、理論主導のGUT素粒子宇宙論花ざかりで、自分もそういう研究に取り組んでいたが、カミオカンデでの陽子崩壊が理論通りでなかったことなどを契機に、近未来での安全圏は重力波やCMBの観測的宇宙論だろうと考えての行動だ。天才は数少ないのだから、多くの院生を育てる研究室の要になる力仕事のテーマがあった方がいい。飛躍的に発展しそうなコンピュータとともに歩む仕事がある方がいいと思った。もちろん私自身はその時期は過ぎたのだから、理学部に移ってからは院生と一緒に論文を書くことはしなかった。移って間もなく誰も予期せぬ超新星爆発SN 1987Aがあったから、宇宙線の実験研究者との付き合いが多くなった。

今度の発見でLIGOの英語検索で引っかかるものを見ていたら、二〇〇〇年頃にハンフォードのLIGOで一時働いていたある青年のブログがあった。二〇〇〇年、LIGOにソーンがホイラーを連れてきたという。ブラックホールの父ホイラーはソーンがプリストンでPhDを取ったときのボスである。ホイラー八九歳の頃だが、亡くなられたのは二〇〇八年である。

少し核開発史を知る人にはハンフォードという地名は有名である。なぜならプルトニウムの町だからだ。長崎原爆のプルトニウムもここで作られ、冷戦時の大量の水爆体制時代には、ワシントン州内陸部砂漠の中のハンフォードサイトは活況を呈した。冷戦終結で水爆体制も終わり一時ゴーストタウン化するが、連邦政府も見かねて核ゴミ処理などの施設を残して砂漠の中のオアシスの町の体裁は維持しているようだ。ここのＬＩＧＯの運営管理はソーンのCaltechだが土地はたぶん核施設で大きくとってあったサイトの一部を政府から提供してもらったものと推察する。

二〇〇〇年のホイラー訪問時に話を戻すと、当時、散在する不要廃棄施設の解体の費用をＤＯＥが持つか新参者のＬＩＧＯの費用でやるのか？　といった交渉がよくあったようだ。ホイラーがある廃棄施設は自分が核開発に熱中していた時のものだと言ったら、ホイラーを自分たちと一緒の人種と思ったらしくあっさりＤＯＥ経理で工事は済んだという。私は何回か冷戦時の有力物理学者の奇妙な活躍が現代の研究者像を超えていたことを記してきた。拙著『科学と幸福』第一章の〝ブラックホールと原水爆〟の小見出しで、一九九四年にスタンフォードであった一般相対論の国際会議の折のバンクエットで、ホイラーに原爆実験について聞いた様子を記している。「宴もたけなわ、さすがのホイラー先生も耳が遠くなって皆のテンポの速い談笑についていけずにひっそりしていたので、私はやおら「先生は原爆の爆発を見たことがありますか？」と耳元に口を持っていって尋ねてみた。一瞬キョトンとした後で、「水爆か？」と聞き返してきたのでイエスと答えた。すると身を乗り出してきて次のような話をたっぷりと話し始めた。……」。ホイラーの原水爆のカリスマは弟子のソーンを通してＬＩＧＯにまで威力を持つのである。

第4章　大戦のストレステスト

「理研百年」、高木貞治

「理研百年」

最近、理化学研究所の広報誌などに「理研百年」というロゴを目にするようになった。来年、二〇一七年が創立一〇〇年で、募金のためなどにこの「ロゴ」が一斉に載りだしたようだ。第二次世界大戦とGHQ統治下をはさむ「理研百年」の歴史は決して平坦ではないが、一九五八年に国の特殊法人になり財政的に安定し、研究に特化した組織としては質量共にいまや日本を代表する存在である。

二〇〇一年から一〇年間、私はこの研究所の相談役に名を連ねていた。年に二回ほど活動の報告を受けて意見を述べる会合だが、初期の頃は配布される資料に必ず新聞等に理研が報道された記事のコピーが入っていた。今ほどネット時代ではないので理研の社会的プレゼンスを推し量るものとして長年の慣行だったのだと思う。「プレゼンス」には研究・開発の成果の報道はもちろん第一だが、当時すでに市民的理解も謳われておりアウトリーチ活動の多様な報道のされ方にも気を使っていた。そしてどちらの意味でも記事に登場することは望ましいことであった。ところが、そのうちに契約事務での不祥事の報道などでも理研の名が新聞紙上に現れ、理研関連の新聞記事を単純に束ねると往年の目的とは違ったものになるので、こういう資料配布はいつの間にかなくなった。後のＳＴＡＰ細胞騒動でマスコミネタでオーバープレゼンスの光景など想像もしなかった、麗しい時代が懐かしまれる。

「百年」前のストレステスト

長州ファイブよろしく、ゾクゾクと欧米の科学先進国に乗り込んだり、外国人教師を高給で雇ったりして、日本は富国強兵の近代国家建設に邁進した。一〇〇年前といえば維新から約半世紀、東京大学創設から四〇年、京都大学創設から二〇年、帝大が東北、九州に広がった時期だ。理研設立の直接のきっかけは化学者高峰譲吉が、米国の鉄鋼王カーネギーが支援した研究所の発足といった先進国の動向へのキャッチアップを説いた講演らしいが、その構想が学界と産業界の長老達を動かした背景の存在に着目するのが大事である。

「百年」前は第一次世界大戦が三年も続き、ロシアでは革命が起こるなど、長引く消耗戦の疲れが現れた時期である。日英同盟で連合国側に参戦した日本はドイツが持っていた中国や太平洋海域での帝国主義的権益を大きな軍事的コストもなく漁夫の利的に手にした。ところが敵国ドイツをはじめ他の参戦国からも輸入が大幅に減ったことで、予期せぬ大戦の影響が顕在化した。科学技術先進国からの輸入が突然途絶えたことで日本の工業界は深刻な影響を受けた。経済封鎖のようなストレステストの試練を受けて、日本が工業国として完全には自立していないことを自ら認識した。高度な化学薬品等、特殊な鉄鋼、光学機器などの基幹的技術での依存性を悟らされた。またこの大戦で登場した航空や通信への対応にも迫られた。そして、破れたとはいえ四年半もの間、他の列強と戦争を継続できたのはドイツの科学技術力の先進性によるものであったという認識が世界に広まることになる。国家主導でカイザーウィルヘルム協会という科学研究機構を一九一〇年に発足させていた先進性に注目が集まったのだ。

研究所創設ブーム

これが理研創設の時代背景である。この大戦から満州事変までの一五年くらいの間に日本では四〇もの研究・試験の組織が創設された（広重徹『科学の社会史（上）』岩波現代文庫の表2）。理研創設もこの研究所創設ブームの中にあった。

創設時の「理研案内」には「理化学研究所は産業の発展を図るために、純正科学たる物理学および化学の研究を為し、また同時にその応用研究をも為すものである。工業といわず農業といわず、理化学に基礎を措かないすべての産業は、到底堅実なる発展を遂げることが出来ない。殊に人口の稠密な、工業原料その他物質の少ないわが国においては、学問の力によって産業の発展を図り、国運の発展を期するほかない」とある。

発足はしたが、当初の長老が上に座る人事では新組織に魂が入らず、危機感を持った長岡半太郎は、三代目の所長に若干四二歳の大河内正敏（一八七八～一九五二）を抜擢した。大河内は旧藩主末裔世襲華族の子爵、大正天皇御学友、東大主席卒業、貴族院議員、東大教授であり、「殿さま」と呼ばれて新橋芸者衆にも人気のある、自信に満ちた人物だった。一九二五年以後は東大を辞して所長に専念した。

英傑・大河内

大河内は就任時に「研究所運営の方針として、学術の研究と実際とを結合せしむるの方法を講じ、以って産業の基礎を確立すること、したがって、実業界との接触頻繁となり、自然経費の幾分かさむものあらんも、之を諒せられたきこと、また研究者は研究を生命と為すものなるが故に、研究に耐えざるに至りたる者、もしくは研究能力の欠くに至りたる者は之を罷免して、新進気鋭の研究者を採用する見込みなる旨陳述す」と述べて、二つの改革を断行した。研究者組織の改革とベンチャー起業を立ち上げる財務の改革である。とくに組織改革では部長制をやめて、現役の研究者に主任研究者として直接責任を持たせ、また大学教授の併任を活用し、他機関への研究費の支給も可能にした。また欧文報告を定期刊行し研究員達を督励し、研究員相互で評価し、資金の配分に参加させた。こうして「科学者の自由な楽園」が出現した。大河内は「資本主義工業は科学を理解せず」として科学主義工業を提唱していたという。資本主義工業の要請を受けた研究ではなく、科学主義の純正研究で生み出される成果を工業化する流れが頭にあったようだ。

第一次世界大戦後の不況により寄付での資金調達は行き詰まったので、大河内はさまざまなベンチャー小企業を立ち上げ、それが理研コンツェルンと言われるほどに進展して研究資金を支えた。総動員体制が強まる中でも「応用研究に力を注いでいると、研究が退歩する恐れがあるので、どこまでも純正理化学の総合的研究に力を注ぎ、もって国防、産業などの基礎を強固にすることに努めている」（一九四二年創設二五周年記念映画）と意地を見せた。戦後、理研はGHQの財閥解体のあおりを受け、また大河内の後を受けた仁科芳雄の交通事故によって急死するなど、株式会社化した研究所の経営は不安定であったが、新設の科学技術省が所管する政府の特殊法人として復活した。

「科学者の自由な楽園」

一九三一～四一年のあいだ、理研の研究員だった朝永振一郎（一九〇六～一九六九）は「自由さ」

が核心だったと次のように回顧している「勤務時間などというものはない。仁科先生御自身が、のちにはそう暇もなくなったが、最初の頃は、昼間お目にかかるにはテニスコートへ行った方が可能性が大きいといわれた伝説？　まであって、いったいいつ研究をやっておられるのかわからない」。「不思議なことだが、まあとにかく研究しろと、なにも言わずに月給だけをいただいてみると、別に何時から何時まで出勤しろといわれるわけではないのに、良心が黙っていられなくなるのである。……朝ねぼうも自由だが、うちに帰って晩めしをたべたあと、また出勤してきて夜中まで仕事をするなど、夜と昼と逆になっている御仁もおおかった」。

「なまじ、たとえば何時から何時まで会議に出ろとか、かくかくの書類をつくれ、などという義務があると、そういう形式的な義務を果たしただけで、自分の義務は全部済んだという気分になってしまう。そこで良心が安心してしまうというわけで、さらに新しい意欲は湧かない」。「だから良心を安心させないためには、そういう口実を与えてはならないということである。研究以外に何の義務や規制を付加しないという点では、理研の行き方はなかなか徹底したものでした」（朝永著・江沢洋編『科学者の自由な楽園』岩波文庫）。

「自由な」

拙著『職業としての科学』（岩波新書）の第二章「知的自由としての科学」に次のように書いた。「科学には二つの根がある。一つは工夫であり、もう一つは知的自由である。伝統社会では安定性を重んじて、知的飛躍を抑える傾向になるが、同時にその桎梏を打ち破る知的自由への渇望を誘発する。そして〝牢固な桎梏に汚染されていない〟自然への関心が知的自由を駆動し、徐々に制度としてかたちを成してきたのである」。

外国人教師としてながく日本にとどまった医学者ベルツは「日本国民は、一〇年にもならぬ前まで封建制度や教会、僧院、同業組合などの組織をもつわれわれの中世騎士時代の文化状態にあったのが、一気にわれわれヨーロッパの文化発展に要した五〇〇年あまりの期間を飛び越えて、一九世紀の全ての成果を即座に、自分のものにしようとしている」（菅沼龍太郎訳『ベルツの日記』岩波文庫）と記している。欧州での科学誕生までの長い（五〇〇年というよりは三〇〇年が妥当だと思うが）精神革命をスキップして日本が科学を短期間に移入しようとしていることへの違和感を吐露している。しかし日本と欧州の比較には伝統社会の差にも着目せねばならない。目指す科学は共通したものだが伝統社会という前歴はまちまちなのだから。

それと「精神革命」期間は長かったが生み出された科学という制度、職業としての科学、の歴史は明治維新の時点で欧州でもまだ半世紀ほどである。この生まれたてほやほやのものを日本は移入しようとしたのである。朝永の「理研」体験は、勤務時間や月給という言葉が暗示しているように、「職業としての科学」における職場改革の好例と見ることもできる。何にせよ科学精神とは自由の精神であり、そしてこれが社会の中で存在感を増して権威化する科学という制度自体の中で、絶えず危機にさらされていることが現代的課題なのである。

「惑溺はなはだ少なし」

ベルツにかえると、日本の封建制度やサムライ（中世騎士）時代の文化の社会に科学が接ぎ木できるかを心配したのである。以来百数十年、ヨーロッパが主導した近代化に、日本を先頭に非ヨーロッパの伝統社会・文化が次々とキャッチアップしてきた。その浅薄性や跛行性は声高に指摘されたが、むしろ明治開国時に見せた必死の革新性にこそ想いを馳せるべきだろう。

江戸時代後期の日本社会は、大都市の形成や商業の繁栄、高い識字率や町人文化や工芸などで、近代化を先導した諸国と似た状況を呈していたが、学問の状態は大きく異なっていた。中華文化圏周辺という永年の位置を基調としつつ、江戸時代には蘭学でヨーロッパ文明の小窓も加わった。宗教や学問は精神世界の権威として一定の存在感を持っていたが、欧州ほど強力ではなかったと福沢諭吉は言う。仏教と儒教の二派が言い争い、絶対性に欠けて威信がなく、例えば陰陽五行なども深く受け取らず、「幸いにして我が国の上等社会には、その惑溺はなはだ少なし」（山住正己『福沢諭吉教育論集』岩波文庫）であったという。この為に、学問を志向する人士は欧州近代移入の職業に身軽に転身し、悩みなく欧州の新学問を丸呑みして近代化を達成した。また以前にも書いたが（『科学者には世界がこう見える』青土社、第7章）、日本人の「理」より「事実」重視の志向が科学移入の性格を特徴づけた。

キャッチアップぞくぞく

最近、『Nature』や『Science』といった国際科学ジャーナルを見ていると、アジアやアフリカの隅々に次々と高等教育や実験の科学の営みが広がっていく様子が報告されている。多分そこには伝統社会の知的権威との葛藤があったのかも知れないし、あるいは単純に生活のレベル向上の結果としての広がりなのかも知れない。こうしたニュースを見るたびに、一五〇年前の日本との比較に惹きつけられる。

しかし、日本の科学は今でも追いつけ追い越せと前を向いて息つく暇もない。とくに、ここ十数年は「後退」傾向とかで、なおさらである。「後退」感は中国などの後発組との相対的な位置関係の変動によるものもあるが、研究職志願者数、論文引用数や研究機関ランキングなど様々な研究界の活動性を測る指標の下降もあるようだ。しかしこれも第二次世界大戦から世紀末までの半世紀もの長期間、全て右肩上がりであった日本全般の上げ潮が一本調子にはいかないことの一端であって、達成された日本の科学のステータスや責任を自覚することの方が大切であろうと思う。「失われた二〇年」の雇用、財政、企業などを巡る社会の激動から研究や高等教育の世界も無関係でいることはできないことの自覚が大事なのであって、あまり深く自らに消沈すべきではない。

「後退」がささやかれる中、二一世紀に入ってからの科学分野における日本のノーベル受賞者は増加している。この一六年間の受賞者数は米国が五一人、日本が一六人、英国一一人、ドイツが七人と、いまや米国に次ぐ位置にある。民族性のくびきがなく、世界の野心的人材が集う大本山の形成に成功している米国は別格であり、むしろ民族国家で科学の故郷の英独仏との位置関係には感慨もひとしおである。

数学者と世界大戦

欧州先進国が第一次世界大戦に明け暮れたことが日本の工業が自立していないことを悟らせた、ということを前に記したが、日本への影響は工業だけではなかった。学術文献や情報の流入が途絶えたことは欧州学界との繋がりの中で行動していた多くの学者にとっても一種のストレステストであった。

東京大学数学科教授の高木貞治（一八七五〜一九六〇）は次のように回顧している。「一九一四年に世界戦争が始まった。それが私にはよい刺激であった。刺激というか、チャンスというか、刺激ならネガティブの刺激だが、つまりヨーロッパから本が来なくなった、その頃誰だったか、もうドイツから本がこなくなったから、学問は日本ではできない——ということを言ったとか、言わなかったとか、新聞なんかで同情されたり、嘲弄されたりしたことがあったが、そういう時代が来た。西洋から本が来なくなっても、学問をしようというなり、自分で何かやるより仕方が無いのだ。恐らく世界戦争がなかったならば、私なんか何もやらないで終わったかも知れない。序でにその頃のことで思い出したことがあるから、お話しするが、ある人がこんなことを言うたのを記憶している。それは大学教授を十年もやっていて、神経衰弱にならならないのは嘘だというのだ。私は大学教授を十年はやっていなかったかも知れないけれども、別に神経衰弱の兆候は無かったが、神経衰弱はどういう意味かと言えば、頻りに本が外国から来る。丸善などには毎月多数来る。どんな本が新規に来るかを注意して看過されないようにするだけでも大変である。又そんな本をみんな買って来て、買って来るのも大変なんだが、それをみんな読まなくてはならないから大変だというのだ。それが神経衰弱の原因だという。全体、本を書く奴は大勢いる、それを一人で読まねばならないと思って、神経衰弱に成るなどは、あまり賢明ではないようだ。私なんかは生来不精で、人の書いたものをあまり読まないで、神経衰弱を免れたのである。同様の意味で、諸君に神経衰弱の予防を勧告したいと思うのである」。

これは高木著『近世数学史談』（岩波文庫）に付録として掲載されている「回顧と展望」という昭和一五年一二月に東大数学談話会における講演記録であり、話を面白くするための誇張もあるかも知れないが、本人はこの様にとらえていたことは事実である。

高木の足跡

高木の話題が出たので、高瀬正仁『高木貞治——近世日本数学の父』(岩波新書)を参考に高木の足跡の述べておきたい。高木は東大数学科卒業の翌年に三年間のドイツ留学を命ぜられ、ゲッチンゲンのヒルベルトのもとで研究し、帰国翌年の日露戦争開戦の年に東大教授となった。初め講義に明け暮れたが、そのうち後輩達が留学から帰国して余裕もできた。しかし、何か刺激がないと何もできない性質で、日本には同業者が少ないので自然に刺激がなく、またぼんやり暮らしていてもいい時代であったので、高木はとくに何もしていなかった。しかし前述の回顧のように大戦での環境変化が刺激となって、洋行中も洋行後も一貫して頭にあった代数的数論における類体論の研究を再開した。大戦の間に三九歳から四三歳になり、この間に五編の論文を書き、これを助走にして一九二〇年には一三三ページにのぼる第一論文、二年後の第二論文で不朽の成果を完成させた。

おりよく一九二〇年に外遊し、ストラスブールでの世界数学者大会でこれを発表した。普仏戦争で独領となったこの街は大戦で再び仏領に戻っていた。さらにこの数学者大会には敗戦国ドイツは排除され、高木を育てたドイツ数学との再会はなく、仏語での発表で苦労した。前にも書いたことがあるが(「純粋と応用か、基礎と応用か」拙著『科学者には世界がこう見える』青土社、第12章)、国際連盟結成と連動した大戦後に始まった学会組織の国際化は当初ドイツを排除した経緯があり、数学者大会はそれ以前からの歴史を持つが、このあおりを食ったようである（本書第12章参照）。一九三二年、チューリッヒでの数学者大会出席に合わせて三回目の洋行をなし、ヒルベルトをも再訪した。

戦前の理研文書に「応用」との対比で「純正」という言葉がよく登場するが、これは「純粋（pure）」と同じもので、第一次世界大戦後の学会の国際化を反映した用語である。その後国際連盟も脱退して国粋化する時代には「純学理的」などと変容していく。

高木「解析概論」の講義光景

我々の世代の理工学生にとって大判で箱入りの高木の『解析概論』（岩波書店）は机上に並べるべき必携の書であったが、通読した学生がどれだけいたか定かではない。前掲の高瀬本にこの本の成立史が記されているが、これは定年（一九三六年三月）前の四年間に行った微分積分学の講義がもとである。学生は数学一五、物理四〇、天文と地震で一〇の四学科の他に工科からもあり計約七〇名、週三回、一一～一二時という時間割である。高木は毎回弥生門（正門や赤門と反対側で講義室に近い）にタクシーで直前に乗り付けて一一時半頃に講義室に現れ一二時きっかりに終了した。後に日本人で初のフィールズ賞受賞者となる小平邦彦の回想だと、一一時一〇分に到着し、小使い室でお茶を飲んでから講義室に来たと観察が細かい。何にせよ学生の集中力は三〇分が限度だというのが持論だったようだ。

高木のこの戦前の学部授業の光景に接し、以前から現行の日本の学部授業の時間割に持つ私の疑念を思い起こさせた。大学の授業は日本では九〇分週一回だが、大学発祥の欧米先進国では今でも一科目の授業は〝一時間週三回〟である。とくに低学年の基礎科目は同じ科目を〝一時間週三回〟が徹底している。もちろん演習、宿題、討議時間、さらにネット活用などのヴァリエーションはあるが、オムニバス形式でない基礎科目はこれが基本である。ケンブリッジやＭＩＴの学生は高校生のように同じ科目の授業を週三回受けているのである。

週三回授業

高木の時代は日本も〝一時間週三回〟であったのが、新制大学制以後（？）からか、国際標準からずれたようだ。「大学生は放って置いても勉強する」という麗しい前提で、高校と差別化して、週一回になったのかも知れない。四月入学の「国際」とのずれは時々議論になるが、教育の根幹に関わる時間割の組み方の〝ずれ〟は問題にもされない。誰でも気付いているはずなのにこの〝ずれ〟は取り上げられなかったのは何故だろうか？

もちろん今となっては〝四月入学〟同様に長年の惰性のせいであろうが、新制大学発足後しばらくの間に議論にならなかったのは何故か？　戦後一九六〇年代までに海外の大学を経験したのは研究熱心でその機会に恵まれた教員たちであった。海外で〝週三回〟が維持されているのを見聞しても「こんな情報が日本に伝わったら大変だ」と思って黙っていたに違いないと推察する。朝永流の〝放し飼い〟策の効果があったのかも知れない。一九六四年に助手になった自分に引き寄せてみても、大学勤めの途を選んだのは、月給は安いが、時間的拘束が少ないことであった。一時間半より一時間は短いとはいえ週三回の拘束はきつい。これだと研究会に顔出す機会も減るが、これが高木流に効果を発揮すればいいのだが。後輩からは「自分が逃げ切った後に言い出すのはずるい」と言われるかもしれないが、この〝ずれ〟は大学教育のグローバル化の上からも真剣に取り上げるべきであろうと思う。

第5章 「昭和反動」下の〝科学〟と〝科学的〟

近衛文隆

我々の世代でも「文隆」というファーストネームはそう多くはない。その傍証ともいえるが、名前を呼ばれて立ち上がる小学校の入学式のときに「ブンリュウ」と呼ばれて立つ機会を逸して一人だけ座った状態に置かれたトラウマが残っている。村には「サトウ」がやたら多いのでそれで立ち上がっては間違いという意識も強かったのだ。教員も正しく読めないこんな名前をつけた親はいっぱしの教養持ちだったように思うかもしれないが、じつは昭和の〝ポピュリズム宰相〟近衛文麿の長男の名前を拝借したのだ。文麿や秀麿は恐れ多いが、「文」の字は実家の屋号である「丸文」にもあるし、拝借したのであろう。

〝決められない〟政党政治崩壊のあとを受けて、大衆に人気のある待望の近衛内閣が登場したのは一九三七年である。第一次は二年続け、中断後に第二次、第三次と復活するが、結局、一九四一年に日米開戦の東条内閣に引き渡すことになる。

文隆は一九三二年に渡米して高校に入り、その後プリンストン大学に進んだ。一九三四年には文麿が息子の高校卒業式への参加と称して訪米し、米大統領が招宴をもって歓待したこともある。ヒットラーに追放されて亡命してきたアインシュタインがこの大学街に住み始めた頃でもある。

この訪米や父子そろっての夏休み帰郷は連日派手に報道され、文隆は多くの国民が知る存在になった。彼はすぐプリンストンに戻り大学生活をエンジョイするが、一九三八年に帰国して父の政治ブレーンの一人となった。その後、上海で中国への和平工作をしたとかで軍部の反発をかい、一兵卒として徴兵され、敗戦でシベリアに抑留、一九五六年に四一歳で収容所で病死した。音楽家として戦後も活躍した文麿の弟秀麿などとくらべれば、親子して悲劇のプリンスであった。

教養と政治

ここで注意したいのは、真珠湾開戦の三、四年前まで、この宰相のファミリーは敵国教養文化の中にあったということである。文麿は、一時、家族で米国への数年間の移住を考えたというし、文隆はアメリカ的生活の享受を吹聴していたし、秀麿は欧州でクラシック音楽に傾倒している。ともかく数年後には鬼畜米英となる欧米文化に憧れる教養が近衛家周辺を覆っていたのだし、上流ファミリーの一定部分は〝近衛的〟であったものと推察される。そして大衆も彼らが垣間見せるその華麗さに憧れを持ち、この貴族的国際主義も大衆人気の源泉だった。このなかで「近衛はマスメディアによって作り上げられた能力に余る負託を受けて、従ってそれを果たせなかった」ポピュリズムの限界を「近代日本の生んだ有数の知識人政治家・近衛の華やかで淋しい生涯は告げている」（筒井清忠『近衛文麿――教養主義的ポピュリストの悲劇』、岩波現代文庫）。荒々しい時代の急変では、教養主義は大してつっかい棒にはならないのである。翻って、安倍内閣は二〇一六年現在、もう四年目であるが、確かに〝政治の足〟というのは速いことを悟らされる。

「昭和反動」と科学

我々は歴史を漸進主義でとらえがちである。明治維新時の古色蒼然たる社会や政治がじわじわと近代化したのだが、如何せん危機の昭和一〇年代までには間に合わず、指導者も国民も神がかりで非合理な誤った道にはまりこんだ、誰かが悪いとかでなく、知恵がつく迄の時間が足りず、欧米列強に翻弄されておろおろと愚かな判断をした、と。しかし、情念で動く〝政治の足〟はもっと素早く、躍動的かつ能動的であったのであり、漸進的とは程遠い「昭和反動」の急流があったのである。

第一次世界大戦直後、日本は戦勝連合国側だったため、「欧米の一員」意識が高まり、広い階層と多様な文化で維新期につぐ第二の西洋文化移入期となり、大正ハイカラ文化を彩った。前章でみたように、大戦中の輸入中止のストレステストで自立していない工業力を悟り、研究組織の急速な立ち上げを行ったことを前章で触れた。そしてこの時期、工業力強化だけでなく、ハイカラ文化の一翼として科学にまつわる科学精神やイデオロギー、理科工作や自然愛好、SF小説や科学偉人伝など、西洋の科学にまつわる文化パッケージも一緒に移入された。科学のこうした多様な側面が「昭和反動」や第二次世界大戦後七〇年でどう変容するのであろうか。

〝科学〟と〝科学的〟

第二次世界大戦敗戦直後の一九五〇年代、科学は二つの意味で輝いていたことは体感としてある。一つは物づくり産業での経済復興の支えであり、もう一つは戦争の愚かさの反省としての科学的精神である。戦後の歴史科学は〝科学的〟を輝かした。この〝科学〟技術と〝科学的〟の二側面は現在の科学技術創造立国政策のなかでも立項されているが、それは科学技術を担う科学的マインドの人材育成での関連だけである。しかし、大正期にも敗戦直後にも〝科学的〟にはより広い意味が込められていた。しかしこのふわふわした〝科学的〟の内実は産業や国家ぐるみのハードな〝科学〟技術の実態と不即不離の位置にある。国内で科学研究の実態がなければ輸入科学技術と科学的文化が二つの独立な営みたり得る。しかし、研究者の規模がある程度を越えると、ニュートンやアインシュタインの語りと科学実験につぎ込まれる金額とが切り離せなくなる。

湯浅光朝『科学史』（東洋経済、一九六一）に、大戦を挟んだ日本の科学研究費の推移のグラフがある。制度の改変やインフレなどに関して独自に補正した推定額である。戦前戦中での軍内部の研究開発費はこれには入っていない。また国立大学の講座費については研究費に当たる一部を入れてある。

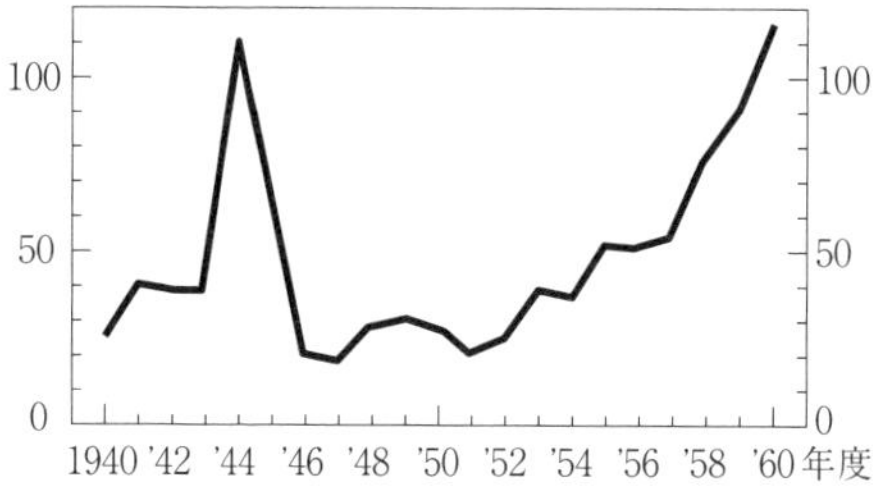

敗戦時を挟む国の科学研究費（指標）の推移

これで目につくのは一九四〇年頃の急激な上昇、戦争激化と敗戦による激減、復興による戦後のゆるい回復、そして一九六〇年前後からの物理と化学を中心とした理工倍増ブームで急な右肩上がりにつながることだ。注意したいのは、戦中と敗戦直後での中断はあるが、昭和一〇年代に引いた路線の戦後に於ける復帰が見てとれることだ。占領下の中断を挟む連続性である。これは戦前の企画院などから始まる科学行政機構の目まぐるしい試行錯誤を経たデザインを官僚が受け継ぎ戦後に実現したと見なせる。この流れでみると、次章でみるように、占領軍側から持ち込まれた日本学術会議という機関がこのデザインになかったが故に、ながく宙ぶらりんな存在となったことがわかる。

敗戦前のピーク時に研究費を受け取ったもののうちで上位一〇位ま

での課題名は金額順で次の様である。「航空燃料、無線装置、宇宙線原子核、特殊用途用鋼、特殊鋼材製造、不足資源問題の解決、耐蝕材料及腐食防止、鋳物製造、有機合成、電気材料」（広重徹『科学の社会史』岩波現代文庫、上巻、表10）。ここに出てくる「宇宙線原子核」は理研仁科研の基礎研究である。とかく戦争秘話で語られる原爆研究は関東も関西も各々陸軍と海軍の事業だから、ここには登場しない。日本の原爆研究は大きな研究費を要する段階にまで全く至っていないのが真相である。

官僚たちのデザインは敗戦で一旦中断するが、戦中の大学理工系学生定員の急増はその後戦後日本の回復期に人材を提供したものと思われる。「定員」は一九二六年を一〇〇として、一九三五年一六八、一九四〇年二〇二、一九四五年には四一九と急増され、敗戦後に引き継がれた。

田辺元の〝科学的〟

第一次世界大戦が終わった一九一八年に、哲学者田辺元の『科学概論』（岩波書店）が出版された。日本におけるメタ科学の最初の論説である。この本は東北帝国大学理科大学校から依頼された学生に対する講義をもとにしたという。古本屋で買った一九四一年発行の第二三刷の本が手元にあるが、いかにロングセラーであったかがわかる。

この本の終章「自然科学と人生」には、「人間の目的は科学、道徳、芸術等の人文の建設が目的である。一切の行動は此目的に対する手段でなければならぬ。実際の応用を念として科学を研究するは科学研究の神髄に徹せざるものである。唯真理の愛慕に由ってするものの真に科学研究の三昧に入れるということが出来よう」とある。ここでは、やはり新思想であった動物としての人間を没価値的にみる自然主義に批判的で、価値を担う理想を掲げ「生きることが目的で真理が其手段となるのではなく、真理が目的で生きることは其手段である」と説く。

大筋は、当時、世界的にも風靡したポワンカレの「科学のための科学」論と軌を一にする。科学者の卵への講義を自然科学研究の経験が全くない田辺に依頼する当時の時代の雰囲気が窺える。

大正ハイカラと〝科学的〟

大正後半から昭和初めにかけて、雑誌創刊が大衆文化の興隆を加速したという。「改造」社は一九二二年にアインシュタインを日本に招聘して有料の講演会を各地で開催、合わせてアインシュタイン全集の刊行などで営業的にも大成功を収めた。科学は雑誌『少年倶楽部』などでも重要アイテムであり、さらに『科学朝日』、『科学画報』、『科学と模型』、『模型鉄道』などの科学ものに特化した雑誌も創刊された。ラジオ、飛行機、ビタミン、進化論、……、少年たちを惹きつける新たな文化の登場であった。高学歴者の配属先としてあった「職業としての科学」は大衆文化の中で消費されるものにも拡大したのである。

ただしこの〝科学的〟の移入で入ってきたのは自然愛好やテクノ趣味だけではなかった。マルクス主義と同伴する唯物論、社会進歩と随伴する進化論、伝統を軽視する進歩主義、これらはみな社会思潮に直結し、政治行動と一体化するものだった。方法として〝科学的〟実証主義を日本の歴史に持ち込めばたちどころに筆禍事件を多発させた（関幸彦『「国史」の誕生』講談社学術文庫）。

秀樹の物理

京大文学部創設時の小川琢治、西田幾多郎、朝永三十郎、桑原隲蔵などの子弟として湯川秀樹、朝永振一郎、桑原武夫などがいた。西田の長男外彦も湯川・朝永の物理の先輩だった。彼らは大正ロマンの子であった。

秀樹は高校物理の参考書として英語の教科書を自分で買って学習していた。学者でもない生徒が丸善に出入りして、店頭でふらっと英語の本が買える時代なのである。この本は米国の工業専門校で教科書として広く採用されていたもので、内容は今の大学入試参考書程度である。決して世界的に著名な学者の著作とかではない。ただ米国の中等教育界ではよく知られた本だったらしく、丸善の店頭に並んでいたのはこの為だろう。この本はA. W. Duff のA Text-book of Physics である。米教育界でのこの教科書の位置づけはC. H. Holbrow, Phys. Today 52 (1999), 3, 50 に詳しい。

この一件は欧米化の意識がいかに深化していたかを物語る。ネットショップなどの一般化により超国際化した現代でも、物理の受験参考書といったレベルでは国境をまたぐ共通関心はない。それは現在では物理の中等教育は日本で完全に独立独歩であることの証だが、同時に秀樹の少年時代よりも大学受験物理は国粋化、非国際化しているといえる。

欧米科学者の目が日本に

日本に欧米の一員という意識がめばえたことは同時に欧米からも日本を自分達の一員と見るようになるということである。古くから認識されていたインドや中国でない極東の小国が登場したのだ。知的にアクティブな人間なら、当然、そこを訪れたいと思うであろう。こうしたムードを反映してか、例えば物理学者をとっても大物学者の訪日が続く――一九二二年にアインシュタイン、一九二八年にラポルテとゾンマーフェルド、一九二九年にハイゼンベルグとディラック、一九三七年にボーアなどである。ワイマール・ドイツの文化使節派遣である重鎮ゾンマーフェルドの世界一周はインド・日本・米国である。

新進気鋭のハイゼンベルグとディラックはこの年の春学期、ともに米国の別々の大学で講義を行っていた。ハイゼンベルグは米滞在中に急にディラックに日本訪問を持ちかけ、二人で一緒に日本の商船で横浜に着く。突然の日本行きで欧米会社の船の予約がとれず「日本の商船でも大丈夫だよね」といったやりとりの手紙が残っている。まさに新興国ニッポンだったのだ。仁科芳雄が二人の国内での講義のアレンジをした。ディラックはその後シベリア鉄道で帰っている。

難事で排外主義

昭和初期、関東大震災、ブラックマンデーの国際的株価暴落、国内経済混乱、日中戦争の拡大、二・二六事件、などの難事を排外主義の高揚、治安維持法、国粋主義者の恐喝による美濃部教授や矢内原教授らの追放など、荒々しい「治安」政策で批判勢力を平定した。しかし今度は「あいつらが悪い」というだけでは済まず、空白を埋める原理を積極的に国民に提供しなければならなかった。この役目は文部省の仕事になり、和辻哲郎らをも動員した「国体の本義」の作成、文化勲章制定、紀元節といった日本を前面に出す政策として形になった。すなわち欧化主義から神国復古への急転換である。

「日本を取り戻す」

「かつて「西洋の図」を心に描き、海の向こうに蜃気楼のユートピアを夢見て居た時、僕等の胸は希望に充ち、青春の熱意に充ち溢れて居た。だがその蜃気楼が幻滅した今、僕等の住むべき真の家郷は、世界の隅々を探して回って、結局やはり祖国の日本より外にはない。しかもその家郷には幻滅した西洋の図が、その拙劣な模写の形で、汽車を走らし、至る所に俗悪なるビルディングを建立して居るのである。僕らは一切のものを喪失した」。これは萩原朔太郎「日本への回帰」という文章だが、国際的にも広がる難事をまえにして人々の心に沁みた。この朔太郎の想いは、一時は経済大国として世界を見た後、一向に状況を回復できない現在にずらしても読める文章である。

この復古思潮の跋扈はメートル法廃止までエスカレートした。欧米化の意識の時期に決定していた一九三四年実施の時期が近づくと、法案撤回論が登場し、議会は実施中止を決定した。産業界や軍隊の科学技術テクノクラートと文部省が火付け役の復古イデオロギー文化派の対立が露出したが、通産官僚は「実施三〇年延期」の妥協案で嵐をかわした。「神の国」の軍隊でもメートル法仕様の近代兵器なのである。「精神力で戦え」とメートル法廃止の主張は同根なのであり、武器技術のテクノクラートがこの矛盾を指摘すべきなのだが全くなく、指摘したのは〝科学的〟論者の田辺元、小倉金之助、石原純ぐらいであり、専門科学の教育や研究に携わる者からは一切声が上がらなかった（広重徹、前掲書）。

「近代の超克」と「行としての科学」

必死に追いかけてきた西洋文明の担い手の英米と戦うことになり、その文化をどう評価するかという問題が生じた。そこに「近代の超克」というイデオロギーが掲げられ言論界のテーマになったわけだ。例えば雑誌『文學界』は対米戦争勃発後の一九四二年に座談会「近代の超克」を特集している。下村寅太郎、菊池正士、中村光夫など近代主義者も集めて、西洋近代のどこが間違いかをいわせた。例えば物理学者の菊池正士は日本では科学と唯物論を混同している、危険なのは唯物論であり、科学ではないと割り切る発言をしている（河上徹太郎、竹内好編集『近代の超克』富山房百科文庫）。

以前も（『科学者、あたりまえを疑う』青土社、第10章）触れたことだが、第二次近衛内閣から続く東条内閣で文部大臣を務めた橋田邦彦（一八八二〜一九四五）は、東大医学部教授、一高校長などを歴任した生理学の科学者だった。敗戦後はA級戦犯の召喚を受け、自宅で服毒自決した。橋田は現場の科学者やその卵たちに「復古」と科学研究は矛盾しないと諭す立場にあった。彼の講演冊子『行としての科学』ははじめ文部省教学局発行で広く配布され、一九三九年に岩波書店からも出版された。

「また「身心一如」或は「物心一如」という無我の「行」として、科学を行ずる立場まで是非来なければならないと考えるのであります。そこに於いて科学というものが始めて我が国の科学として真の意義を発揮するのであります。西洋から入ってきた科学でありますけれども、それを吾々日本人のものとしてその働きを現さなければならないと思います」。

湯川秀樹は一九四〇年恩賜賞、一九四三年に文化勲章を受章、まさに「昭和反動」が猖獗を極めた時期に社会的に登場した。文部省はナンバースクールに講師として派遣するなど、科学でも日本国民は優秀なのだというモデルとして湯川を利用する。

復古ブームの中で西洋起源の科学である「科学の伝統」を語るのは地雷の中を歩くような至難の技である。しかし湯川にもその難題が廻ってきた。

「学問は勝負ごとではない。併し矢張り気合いが大切である。学問は芸術とも違う。併し気魄が肝要なことに変りはない。この気合、この気魄は一体どこから生まれて来るものであろうか。科学精神といふことがよく言われる。それがどれだけの内容を持った言葉であるか、私は充分はっきりとは知らない。ただ科学精神という言葉から直ちに感ぜられるのは、真理を求める純粋な感情、自然に対する純粋な愛の如きものである。併しながら科学を真に躍進せしめるには、この上に更にもっと人間的なもの、気合とか気魄とかいふ言葉で言いあらわされるものが、必要なのではあるまいか。これに就いて、私の狭い知識、貧しい体験に基づく一つの感想を述べて見たいと思う」（湯川『極微の世界』岩波書店、「科学の伝統」）。

まずややこしい〝科学的〟テーマである「科学精神」に触れることを「自分は知らない」として避けて、輸入臭のしない日本伝統にもある「気合や気魄」に置き換えている。その後に自分の学校歴で「五〇周年」によく出会ったが、それらは確かに五〇年前に欧米からの移入だったのだと気づかされた。しかし日本にその伝統がなかったことに悲観すべきでない。

「科学においても伝統は固より尊ぶべきであり、それが大きな力の源泉となることは疑いを容れない。併しながら、固定した伝統は縷縷因習になって了う危険性を持っている。徒らに過去に囚われぬこと、それがやがてよりよき未来の建設を助成することとなるであろう」。「今や我が国はあらゆる意味で一転機に際会している。我が国の科学も、国外の覊絆を脱して独歩すべき時機が来つたことは、最近縷縷強調されている通りである。そこには当然、多くの困難が予想されるのであるが、これを克服するには、単なる科学精神というようなものだけでは足りないものではなかろうか。気魄とか気合という言葉で表されるような、より人間的なものが必要なのではあるまいか。昔の剣客が一流一派を編み出したような気持ちで、わが国に新しい科学の伝統を打ち立てて行く。この覚悟が必要なのではあるまいか」。「これを別の言葉で言うならば、真の科学を振興せしめようとするには我等の目標をもっと遠く且つもっと高くせねばならぬのではあるまいか。現在の各国の水準という様なものよりは遥かに高い所に目標を置いた場合に初めて、わが国の学者の本当の底力が発現されるのではなかろうか」（前掲書）。この論調は西洋のお世話になっていない未知の世界にむかうという「近代の超克」と似た結論になっている。

真珠湾直前の筆になる『極微の世界』の〝はしがき〟には、こうした時局では結局「行としての科学」に閉じこもる途しかない痛々しさを感じる。

「現代科学の進んでいく道、それは他の多くの道と同じ様に、先へ進むに従って、段々険しく細くなって行く道である。そしてそれにも拘らず、何処まで行っても尽きることのない道である。そこには常に、広大なる未知の世界が残されて居る。現代物学の行手にある世界。それは最早、吾々人間の言語を絶する寂寥の世界であるかも知れない。人は時折この寂寥に耐えかねて友を呼ぶ。その声であるかも知れない」。「とまれ科学に志ざす者は、この寂しさに何処までも耐えて行かねばならない。そして暫くも休んで居ることは出来ない。自分の力の足りないことを省みる暇はない。中道にして廃することは出来ない。この道を離れたならば、何の取得もない人間であることを思わねばならなぬ。それはまことに一つの運命であろう。併し同時に又、この国土に生を享けた人間としての、一つの使命でもあるだろう。今日も生きてこの道を行けるということは、国家の絶大なる恩恵であることを、須臾（しばらくの間）も忘れてはならないのである。

国に捧ぐいのち尚ありて今日も行く一筋の道限りなき道

この道が大東亜建設の道と一つであることを、私は信じて疑わないのである」。

いかなる人間にも浸された時代の悪臭は浸み入るのである。とくに「臭い」にはすぐ慣れてしまい、変化には気づきにくいものである。

第6章　占領下異物としての学術会議

奇妙な光景

二〇〇〇年夏、日本学術会議の第一八期会員になった最初の総会の時、新会員一行はバス数台で乃木坂の学術会議講堂から永田町の首相官邸に移動し、認証式に臨んだ。旧官邸地下の大食堂みたいな部屋に集まり、当時の森喜朗総理大臣が出てきて挨拶をした。新築中の現官邸への移転を直前にした時期なので建物のメンテナンスが放置されていた為か、何となく絨毯に匂いが染み付いたような景気の悪いホテルの宴会部屋のようだったが、そこに現れた森首相も「神の国」発言でマスコミでもみくちゃになっている時期だったから、国家の威厳を持つ枢要な場所を訪れるという緊張感が見事に裏切られた記憶が残っている。

それにしても二一〇名という多数の会員全員の認証を首相直々に行うこの形式は、「科学者の国会」と呼ばれる学術会議が国家の枢要な組織であるかのような印象を与える。しかし、創設三〇年頃の一九八〇年代に入った頃からこの組織は「死に体」にあったとも言える。創設当初の会員選挙ではその倍率が四・五倍と科学者集団の熱い関心を伺わせるが、一九八〇年代には倍率は一・一五まで低下していて無投票当選が多く、投票率も初期は九割もあったのがその頃には六割にまで落ちていた。

さらに深刻なのは、多くの科学者新人達が選挙の有権者登録をせず、また新分野の学会も登録せず、拡大する科学者集団から学術会議が取り残されていったとも言える。つまりは科学者「離れ」であった。このような状況のなか、一九八〇年代から改革が俎上にあがり、会員選出法をめぐって紆余曲折の経過があったが、結局、直接選挙を廃止し、新たな装いで二〇〇五年の第二〇期から新生学術会議が再出発した。

冒頭に記した場面は「死に体」から脱出する論議の終期の時期だが、創設期の壮大な意欲を残すあの大げさな「認証式」形式と政官界の「無視」や科学者「離れ」の「死に体」との壮大なギャップが生みだした奇妙な光景であった。平和憲法の命運にも似て、占領下行政期の異物を変動する現実の培地に上手に根付かせる努力不足がまねいた顛末を見せつけていたとも言える。

企画院と技術院の設置

学術会議誕生の物語は戦中期にさかのぼる。明治以来、産業、医療、教育などの近代化業務を担う専門人材の育成に個別に取り組んだ時代は、第一次世界大戦後、科学研究や技術開発の視点から主体的に行う新しい時代に移行した。そして折からの総力戦体制への熱気に小突かれて、革新官僚主導で旧弊の国家組織も変革期に入ったかに見えた。この国家総動員と近衛ブームの中で政治行政の革新的司令塔として企画院が始動し、省庁ごとにバラバラに分散していた科学技術に関わる行政を合理的に統合する課題が初めて政治の主要テーマに浮上して、内閣直属の技術院が創設されたのだ。「院」という行政組織は植民地行政を担う興亜院があるだけであった。基礎研究に特化した「科学院」構想も一時あったが、文部省の頑強な抵抗で早期に消えた。

技術院要項には「高度国防国家完成の根幹たる科学技術の国家総力戦体制を確立し、科学の画期的振興と技術の飛躍的発達を図ると共にその基礎たる国民の科学精神を作興し以って大東亜共栄圏資源に基づく科学技術の日本的性格の完成を帰す」とある。綜合科学研究機関創設という幻の構想もあったらしいが、すぐに日米開戦となり、敗色の強まる戦時下では技術院自体も十分機能する時間もなく敗戦で消え去った。しかし科学技術が重要な政治行政の場に持ち出された最初であり、無視できない足跡を残した。

「科学技術」と精神主義

この「要項文」に補足しておくと、「科学技術」という用語はこの政策論議の際に初登場したものである。また、「国民の科学精神」への言及は、精神主義教育の影響によって、当時生徒が進学分野として理系を選ばない、いわゆる「理科離れ」が進行し、人材獲得への懸念があったためになされたものであった。また「日本的性格の」は前章で主題にした国体論と西洋文明との軋轢を意識した文言上の工夫であろう。

以前（『科学者、あたりまえを疑う』青土社、第5章）、運動体としてのナチスはアーリア物理のイデオローグを利用したが、政権奪取後は軍事力強化のために彼らを切り捨てたことに触れた。日本ではこの時期、ここに記したような、戦争には科学技術強化が必要だとする体制づくりの試みがあった。ところが、復古調の精神主義が強まると、進学コースで「理科離れ」が進んだのは興味ある事実である。こうした精神主義謳歌の熱気にうかされて、合理的判断もできない戦争指導者の大過に国民は辛苦を味わうことになるのだ。とくに、人材養成の責を担う文部省が精神主義の旗振り役として先頭に立った。また前書第10章に書いたように、排外主義が高じてメートル法実施中止まで盛り上がった狂気に抵抗したのは軍や商工省のテクノクラートであり、文部省はむしろ煽り役であった。国策と教育の理念に絡む苦汁の歴史として記憶されねばならないであろう。

敗戦のビッグバン

明治以来、近代化を担うエリート専門家小集団の営みを総力戦体制の大規模な科学技術として

青土社
刊行案内
No.92　Summer 2016

■ 小社の最新刊は月刊誌「ユリイカ」「現代思想」の巻末新刊案内をご覧ください。

■ ご注文はなるべくお近くの書店にてお願いいたします。

■ 小社に直接ご注文の場合は、下記へお電話でお問い合わせ下さい。

■ 定価表示はすべて税抜です。

東京都千代田区神田神保町1-29市瀬ビル
〒101-0051　TEL03-3294-7829
http://www.seidosha.co.jp

●黒川信重＋小島寛之

スキームとは何か？ ¥1800

コンピュータは数学者になれるのか？ 数学基礎論から証明とプログラムの理論へ

●照井一成

数学論争の歴史を最新アップデートし、「人工知能」の未来にまで言及。数理論理学の決定版！ ¥2800

無の本 ゼロ、真空、宇宙の起源

●J・D・バロウ／小野木明恵訳

無の探究史をはじめ、音楽や文字における表現も多彩に紹介。「無」を語り尽くす！ ¥2800

科学と人間 科学が社会にできること

●佐藤文隆

量子力学の第一人者による、「科学」と私たちの関係の未来を考える一冊。 ¥1900

量子力学は世界を記述できるか

●佐藤文隆

量子力学の登場によって、世界は、そして科学の意味はいかに変わったのか？ ¥1900

＊は新装版

北欧神話 ●H・R・E・デイヴィッドソン ¥2400

エジプト神話 ●V・イオンズ ¥1800

ユダヤの神話伝説 ●D・ゴールドスタイン ¥2600

ペルー・インカの神話 ●H・オズボーン ¥2400

マヤ・アステカの神話 ●I・ニコルソン ¥2600

ローマ神話 ●S・ペローン ¥2400

オリエント神話 ●J・グレイ ¥2800

アメリカ・インディアン神話 ●C・バーランド ¥2200

ゲルマン神話 上・下 ●R・テッツナー 上¥2400 下¥2800

北欧神話物語 ●K・クロスリィ-ホランド ¥2400

神の仮面 上・下 ●J・キャンベル 各¥2800

国家に組み込もうとした技術院の意図は敗戦であっけなく消滅し、大半の機能はそつなく文部省が受取り、後の「拡大期」の権限拡大に繋がった。

敗戦と占領軍統治下の四年余は、それこそ近代日本の大きな切り替えのビッグバンであり、日本学術会議という未知の産物も残した。独立後は五五年体制のもとで、科学技術行政は、与野党の大きな対決はなく、技術院のプランを下敷きに省庁主導で進められた。食料増産、拡大する教育、医療、防災、交通や情報通信インフラからモノづくり産業での経済成長まで、各省庁はそつなく実績を上げたとも言える。ここで、一九五六年には原子力や宇宙開発技術などの国家基幹技術の推進を国家主導で行う科学技術庁や科学技術会議などが新たに設置された。しかし、これらの推進が文部省の学術審議会を基幹とする学術政策としての科学や技術の重複も生じ、行革の嵐のなかで、一九九〇年代中期には文部科学省に統合されて現在に至っている。

「バブル」とまで表現された高度経済成長を受けて、グローバル世界で経済大国として行動しなければならなくなった一九九〇年代から、科学技術に関わる規格化などの国際関係、半導体テクノロジーや情報技術の革新、産業構造の変化、高齢化と医療など、科学技術でも新たな政策が必要になった。

冷戦崩壊を受けたこの時期、他の先進各国も次々と国家主導の科学技術政策を打ち出した。日本でも一九九五年に「科学技術創造立国」を掲げる科学動員の法案が全会一致で決まり、以来二〇年ほど経た現在がある。特徴は、従来の省庁主導から産業界も参加する官邸主導が強まったことであり、またその範囲は狭義の科学技術に止まらず基礎科学や文系学問ひいては高等教育全般に及ぶものである。与野党対決法案でなかったこともあり、この「科学技術創造立国」の意味が研究者や大学人にもよく理解されていない。私はこの政策は資本主義の黄昏とも絡む重要な意味を内包していると考えている（佐藤文隆「科学と民主主義の問題としての「大学ランキング」」、石川真弓編『世界大学ランキングと知の序列化』（京都大学学術出版会）に掲載）。

敗戦の虚脱感と希望としての「科学」

ここで時代をいったん敗戦と占領期に戻す。敗戦の虚脱感で放心状態の国民に届いた「これからは科学の時代だ」というメッセージは輝いていた。多分「科学」が無条件に輝いたことはこの時をおいてないであろう。「ノーベル賞ラッシュに沸く今こそ最高だ」という声もあるかもしれないが、巨大な存在感を持って社会にのしかかっている現代の科学は、その知的達成が社会にプラス・マイナス両面の効果を及ぼし、その研究の維持も国家権力と並走しないと不可能になった巨大な政治経済的エンタープライズである。

それに比して敗戦時の「科学」は同じ日本語でも意味は大きく違っており、もっと社会的に無力でウブな存在であった。「科学は希望の言葉であった」（鈴木淳『科学技術政策　日本史リブレット』山川出版社）。ここに敗戦数日後の新聞紙上の談話がある「科学的思考性を我々の日常生活の中に深く浸透させて行くということによって、将来大科学勃興の基礎を築いて行かねばならぬ。我々の日常生活万端の現象を全て科学的に切り替える（ことが必要だ）」（『朝日新聞』一九四五年八月一九日、東京商工経済会理事長・船田中、戦後衆院議長）。

ここでは「科学的」が原子爆弾のような「大科学勃興」と結びつけられている。つまり、社会生活や行政での合理的で批判的な思考や手法という意味での「科学的」と専門家の研究能力で成る科学という営み、これら二つが一体のものだというのである。「科学的思考性」の大事さは「神の国」と不合理に満ちた統制監視社会に弄ばれた人々にとって実に腑に落ちた。一方で、「大科学勃興」には実感を欠いたが、一九四九年の湯川のノーベル賞はその空白を埋めるものだった。しかしすぐに朝鮮戦争が勃発、冷戦体制も強まり、再軍備、基地、特需、ビキニ被爆、原爆被爆写真などと急展開して再び身近に戦争が迫る中で、時代の輝く言葉は「科学」から「平和」に変わっていったのである。

GHQケリー博士と茅誠司

原爆開発の容疑で日本にあった三基のサイクロトロンを進駐軍が撤収することになり、その装置を見分ける専門家をGHQが本国に要請し、派遣されてきた物理学者の一人がハリー・ケリーであった。まだ若い博士号を持つ実験物理学者で、民主的な戦後復興の使命感にもえるニューディール世代の一人であり、当初の目的が済んだ後も、ケリーはそのままＧＨＱの平服メンバーとして働いていた。

「一九四六年のはじめにＧＨＱの経済科学局の科学担当のケリー、ホックス両博士の要望で、日本の科学者の間にグループを作って、このＧＨＱの経済科学局と直接に接触するようにしてほしいという話が起こった。これは文部省を通じて科学者と接触すると、なんでもないことでも非常に長い時間がかかるので、これは短縮したいとのことからであった。そこで誘われるままに、このことについて上野の科学博物館長室に集まって相談しているうちに、いつの間にか委員長をひきうけさせられてしまった。思えばこれが科学行政方面に頭を突っ込むきっかけであった。この委員会をサイエンス・リエーゾン・グループの頭文字をとってＳＬと略称した」（飯田修一編『茅誠司――思い出の人』朝日新聞出版サービス）。のちに学術会議会長や東大総長を歴任するなど、戦後初期の学術や大学行政の中心人物になった茅誠司（一八九八～一九八八）はこう回想している。

三　組織整理と学術会議発足

ＳＬのメンバーは全国の大学関係者二〇名ほどだが、実際上は戦前に海外経験があり英語でケリーらと通じ合える中堅層から成っていた。そしてその後にＳＬのほかＴＬ（工学）、ＭＬ（医学）、ＡＬ（農学）にも拡大した。ここで戦後改革の主導権が長老から彼ら中堅に移動した。そこに彼らが当初想定してなかった大きな課題が現れた。

敗戦で企画院がらみの技術院も消滅し、不可欠な機能の大半は文部省が担うことになった。そこで戦中時から懸案だった、学士院、学術研究会議、日本学術振興会、三組織の整理統合案を長岡半太郎などの長老たちに諮問して、学士院のもとに統合する案を得る。ところが、ケリーがふいにこの流れに不満を表明、文部省主導に待ったをかけた。そこで官僚たちも時代の変化を悟り従来の手法を変えて改革の主導権を「リエーゾン・グループ」に集う中堅に移した学術体制刷新会議を立ち上げ、自主改革路線は維持した。ここで「協議機関としての学術会議＋行政機関としてのＳＴＡＣ（科学技術行政協議会）」という構想がうまれて国会で法令化された。学術会議は一九四八年末に会員選挙をやり、翌年一月に創立総会を開き船出した。

学術会議の「協議」を行政につなぐ機関がＳＴＡＣで、関係省庁事務次官級の連絡調整会議で、当初は外貨の配分などに役立ったというが、「協議」から行政への新たな大きな課題提起もなく、時代の推移とともに消えていった。旧「三組織」はここで一旦廃止になるが、ＧＨＱが引き上げると文部省は早速に学士院を、その後一九六七年に学術振興会も復活させた。「三機関」の機能を学術会議のもとに統合するという学術会議創設時のグランド・デザインは骨抜きにされた。

かたちは自主改革であったが、そこには「リエーゾン・グループ」のメンバーを通してケリーの描く科学者が社会につながる理想主義的な構想が濃厚に反映されていた。ケリーは博士科学者だが、戦時動員されたまだ若い世代で研究歴は短く、研究者集団の生理を肌で知る世代ではなかった。むしろニューディール政策と戦時下での国家への貢献の意欲にもえた青年であった。すでにノーベル賞受賞者であったラビの門下らしく、GHQの仕事でもラビに意見を求めたりしている。ともかく「科学者の国会」構想の核にはやはりGHQ改革派の、よく言えば普遍主義的理想主義が濃厚である。このため、すぐには日本の科学界の培地に根付きにくいどこかバタくさい占領下異物の一つだったのではないかと思う。

実際、一九六〇年代からの理工系倍増や高度経済成長で科学技術やその研究教育の規模は数十倍に膨れ上がったと言われる拡大期の活気と反比例するように、「科学者の国会」の存在感は減少し、冒頭に記したような「死に体」に立ち至ったのである。

「無視」と「離れ」

「死に体」の原因には科学者「内から」と「外から」、さらに「外から」には官僚と政治家の二つがある。官僚による「占領下異物」の排除には執拗な一貫性があったが、加えて、構想された機能の重要性から一省庁に収まらないという視点で業務省庁でない総理府の管轄としたから、継続的に担当する官僚層がいなかった。「官僚層からの独立性」と言えば格好はいいが、現実には官界が放置する口実になった。時代の推移で科学技術と社会に関わる新たな問題（環境、医療、情報革命……）が噴出し、また研究教育の規模拡大など、まさに「科学者の国会」が大活躍すべき課題は山積だったが、異物の学術会議などなくても、これら課題は縦割り省庁路線で対応したわけである。

こうした行政の現実を反映して政治家にも学術会議は票になる存在ではなかったが、加えて、政府与党は一九六〇年代での原子力潜水艦入港反対の声明など学術会議の反政権的な態度に腹を立て「あんなのは放っておけ」とばかりに、科学界の拡大に応じた財政上の手当てを放置した。一九八〇年代の改革の動きはこの惨状に責任を感じた一部議員と学術長老のイニシアティブによるものだったが、「内」との広い結びつきを欠いた組織は硬直した態度しか取れなかった。

行政や政治家からの独立がこの「科学者の国会」の理念でもあるから、本来は「無視」や「放置」は覚悟の上のことと言える。重要なことは、「外」からの「無視」や「放置」ではなく、それに対抗できる拡大する広範な「内」との結びつきが欠けていったことである。科学者「離れ」が「科学者の国会」を空疎な実態にしていたのである。

科学界活況と「離れ」深化

「科学者の国会」は有権者である科学者集団の直接選挙で会員を選ぶ制度と繋がっていた。ただ議員選挙と違って「有権者」の設定が自明でなく、自主登録制が採用されていた。まず学会を登録し、資格を得た学会が論文の有無などで有権者を登録する。「科学界活況」の中で新学会もでき、研究者数も飛躍的に増加する中で、有権者登録を促す積極策を講じず、「活況」の中で「離れ」が深化した。新規登録は初期に会員を出した学会や会員周辺に限られる傾向があった。原因は、「無視」と「放置」の中で、有権者になることのメリットがないからである。もし研究費申請などに有権者番号記入を義務付けたりしたら全員有権者登録をしたであろう。

例外分野の原子核物理学

原子力三原則を法律に書き込ませるなど学術会議はその創設当初は国民の注目を集める寄与はあったが、多くの分野では設備や研究費の充実は文部省のような予算実行機関があれば十分であった。こうした「離れ」の大勢の中で、例外的に、いくつかの分野では学術会議の組織が文部省行政の中でも無視できないものはあった。その一つが原子核実験の分野である。学術会議創設時にあった原子核特別委員会（核特委）は原子力三原則を提起し、さらに自らの分野で大学附置共同利用研究所や大学共同利用研究機構などの新しい研究組織を文部省と一緒に実現し、他分野での新しい研究組織の先鞭をつけた。

核特委が強力な指導性を発揮できた二つの理由がある。一つは全国のほぼ全研究グループの代表が集っていたことであり、もう一つは巨費を要する実験装置をオールジャパンで実現してそれを共同利用の仕組みで運営していく場として適していたからである。実はこの委員会の前身はGHQが核物理実験研究の禁止令を履行する為に組織したもので、毎月、全国の関連グループを召集して点検していた。ところが直ぐに「前回どおり」という単純な作業になったので、会合は実質的に将来の研究の話になったようだ。GHQが引き上げて監視が解け、この会合は学術会議の核特委となりオールジャパンの装置の計画や共同利用の仕組みの相談の場になった。そして文部省もその分野の統一意見として尊重した。

学術会議と原子力——伏見康治の証言

創立当初の学術会議では原子力研究を研究者が主導しようという茅・伏見提案がされたが否決された。そして一九五三年国連総会でのアイゼンハワー演説 Atoms for Peace があり、中曽根康弘が主導して二三五万円の原子炉築造予算を計上し、結局、日本の原子力は「外」から始まった。当時の「科学者の国会」の様子を伏見康治（一九〇九〜二〇〇八）は次のように証言している。

「原子核物理特別委員会（朝永振一郎委員長）と新たに作られた原子力特別委員会（藤岡由夫委員長）とが具体的な衝に当ったが、後者は既成の学問の老大家の集合であって、実は原子力に素人の集り、核特委の方は現役の核物理学者が多かったから、実質的な議論できるところは核特委、あるいは朝永委員会と言った方がよいかも知れないが、物を言いたくて集ってきた連中の委員会であるから、それを統御するのは相当厄介な役であったはずであるが、朝永委員長はすべての委員に言いたい放題に発言させた上で、以後にそれらをまとめて委員長案を出すというやり方で、委員会を統御してこられた。だから、もの凄く時間がかかる。しばしば朝永委員会は深夜に及んだ」（『基礎科学ノート』Vol. 5, No. 2、一九九八年）。

自分達の研究と社会の要請

「一九五五年の暮れ、朝永委員会は大阪大学で、開かれていたが、この時二つの重大な議題があった。一つは、田無の農学部の敷地に予定されていた原子核研究所が住民の反対運動にあって立往生していたのをどうするか、もう一つは原子力予算で東海村に設立がきまった原子力研究所を核特委として承認し、核物理学者が晴れて入所できるようにするかどうかの問題であった。

朝永さんは例による熟柿主義による司会で第一議題を何とか結論に持って行かれた。つまり田無住民の反対がまだ続いていても、そこに核研の設置を強行することをきめたのである。そして、やれやれ、第二議題に移れると思いきや、既に深夜になっていて、しかも前日から続いての議論の後なので、福田信之君の解散決議を朝永委員長も採用しないわけにはいかなかった。こうして、原研に日本の原子核物理学者が、正々堂々と這入れるかどうかの議論は、永久に棚上げになってしまったのである」（前掲）。

戦後の実験研究の最悪の状態を脱して漸く研究できるようになったこの時期、自らの研究条件に関わる焦眉の課題解決に忙殺されており、まだ「当事者」もいない新分野「原子力」の構築を「科学者の国会」という大所高所の立場で気を配る余裕がなかった様子がこうした細かい情景描写から浮び出てくる。ここに「ケリーの理想主義」が「異物」となっていく現実が露呈されている。科学者が自らの研究を超えた社会的に要請されている大きな課題にも精力を割けるか？　この使命感を個々の科学者に分割するのは無理でも、総体として実行する制度的工夫が欠けていたのだろうか？　それとも科学者にこの使命感が内在するという想定が違っていたのだろうか？

二〇〇二年小柴ノーベル賞

このニュースが流れた時、学術会議の事務局から「委員記録に小柴先生は全然出てこないが、それでいいのでしょうか？」という電話を受けた。当時、物理学研究連絡委員会の委員長だったからだが、確かに旧カミオカンデはオールジャパンの共同研究でなかったから、「ああ、やっぱり」

と思った。現在活躍しているスーパーカミオカンデは学術会議のもとで実現したものであるが、一九八七年の超新星ニュートリノの大発見は小柴の一研究室の主導で成し遂げられ、またスーパーカミオカンデは東大定年後なので意識的に次世代の戸塚洋二などの主導に委ねたこともあり、結局「大発見」の前にも後にも、学術会議の委員会にはノータッチだったのだ。

来歴はどうであれ、日本の学術界にとっては画期的なことだから、「宇宙観測の新しい物理手段」の一般公開の講演会を乃木坂の講堂で開いた。当日、主催者として出迎えて控え室で待っている時、小柴はふと「この建物、ぼくは初めてだな」と漏らした。学術会議が例外的に実質機能したこの分野の事情を知る者には意外なことであり、旧カミオカンデの来歴の特異性を浮き彫りにしている。分け入って調べたわけでない憶測だが、まだ東大の威光が濃厚にあった時代のなせる業だったのかと思う。

第7章　アカデミックな職場の変容　大学院生事情の今昔

アカデミックな職場の労働問題

二〇一六年八月二三日、米連邦政府行政組織であるNLRB（全米労働関係委員会）が、TA（教育助手）やRA（研究助手）の大学院生が組合を作って権利を行使することを認める裁定を下したというニュースがながれた。州政府が雇用者の州立大学ではこうした団結権は多くの州で認められているが、今回は名門私立のコロンビア大学の院生グループが連邦政府の判断を求めて二〇一四年にNLRBに提訴したことへの裁定だという。院生の組合ができたらUAW（全米自動車労組）に加入し、健康保険の改善や報酬の定時払いなどの改善を交渉するという。

ブッシュ政権時の二〇〇四年にブラウン大学の院生組織が同様の訴えを起こしたが、その時は「院生は学生で、労働者でない」との趣旨で却下された。NYタイムズ紙は、政権末期には自然と委員が政権色になり、五名の委員の三名が民主党系、共和党系は一名で残り一席は空席となり、逆転したと解説する。さらに「グローバル化の経済マシンの入れ替え可能な歯車になり下がったブルーカラー労働者の不満の叫びに呼応するように、最近は、最高学歴の働き手も顔のない組織の言うままに働かされる状態に置かれ、傾聴に値する意見を言う志をもった専門家とは見做されないのだろうか？」と慨嘆し、「これは金銭の問題ではない、アカデミックな職場がますます企業的、階層的になっていることが問題なのだ」というアカデミックな世界の志をにじませた当事者のコメントも載せている。

オバマのレガシーづくりか？

大学院生も含めてアカデミックな職場は在宅研修や徹夜実験が当たり前の一般の職場とは違う特別なものとして、一般の労働問題の俎上にのることはなかった。だからいくらＴＡやＲＡという作業に限定したこととはいえ、このように労働問題のニュースに登場するのには当惑する。二〇〇四年裁定の「院生は学生で、労働者でない」が長年の常識であり、労働者に冷たい共和党の政治的裁定とも言えないだろう。

ここでＴＡやＲＡのＡを助手（アシスタント）と訳すと、教授・准教授（助教授）・助教（助手）という日本の職階名と誤解を生む。ＴＡは学部学生に向けて教員が行う授業を補完する演習や実験指導、ＲＡは研究作業の補助を行って、アルバイト的に報酬を得るものである。財源は教員がもつ研究助成金の一部を割く個別契約だが、次第に学科や大学ごとに統一した運用になっているようだ。米国の大学院の制度に長年根付いている慣行である。学部時代も含め、米国民の学生は高等教育は自立して賄うという気風が強い。とくに大学院では、親掛りでなく、奨学金やTA、RAで生活費をカバーする。実質上、院生募集の際の必要要件になっている。内容は〝アルバイト的〟という表現が適当で、あくまでも教員の指示のもとでの補助である。

冒頭の「ニュース」に戻ると、長い慣行とはいえ関係者はエリート大学の一握りの大学院生に限られ、全国ニュースに流れることにむしろ違和感を感じる。NYタイムズの解説のように、オバマ政権の労働者の権利保護拡大を印象付ける政治ニュースであって、大統領選の「サンダース旋風」で噴出した若者の将来不安に応えるメッセージであり、オバマのレガシーづくりの一環だと言えよう。近年は日本でもTAが始まっているが実態はまだバラバラで長年の慣行はなく、また問題打開に労働組合結成が有効とも思われないから、日本に関係ないことである。むしろ米名門校でエリートを目指す学生がブルーカラーUAWの力に頼って身を守るという奇妙な構図を垣間見せたこの狭いアカデミック職場の変容ぶりに戦慄させられる。

日本はポスドク問題で炎上

日本でも、数年前、労働問題がらみで、このアカデミック職場のポスドク問題が世間の耳目を集めた。非正規社員問題の事件多発など、若年層雇用の不安定化が大きく話題になるなか、ポスドク問題の「炎上」があった。例えばネット上にも「創作童話　博士（はくし）が100にんいるむら」という動画が流れたりして、不安定身分層の増大が社会に広く知らされた。先進国に共通しているが、一九九〇年代中頃から、日本も科学技術創造立国政策のもとで高度専門家の増員が謳われて「大学院重点化」や「ポスドク一万人計画」などのテコ入れ政策が推進された。それが行革のながれの「国公立大学の法人化」と重なって進行したので大学は大わらわだった。

「増員」人材がどう職業に結びつくかは各国マチマチである。雑誌『Nature』（二〇一一年四月二一日号）は「PhD工場（factory）」という特集を組んで、博士（PhD）増員問題の各国比較をしている。日本でのポスドク問題が世間で炎上したことが企画の動機のようであり、日本での〝システムクライシス〟とも言える政策ミスが深刻な事態を招いたと評された。「炎上」を見て文科省は実態調査を急遽おこなって、実態を「ポストドクター等の雇用・進路に関する調査（二〇一二年度調査）」などで公表している。これを見れば「問題化」の程度は研究分野や研究機関で大きく違っている。

研究費を人件費に回せるといった制度改変で増した自由度をどこまで現実に適用するかの社会実験が行われたようなもので、「実験材料」とされた人からすれば「人生どうしてくれる！」と言いたくもなろう。彼らの人生に傷を残したといえる。しかし、ここで冒頭の米ニュースのようにこれを労働問題の俎上に乗せる動きは日本では現れなかった。調査で「異常」が〝見える化〟

して、現場の運営者がそれを気にする習慣がこれからは大事であり、労働問題にするには特異性が多すぎる職場であると考える。

アカデミック職場の博士たち

図は最近の大学や研究所など理学関係の教員・研究者の年齢構成である。若年層ではポスドクという有期雇用者が圧倒的であることがわかる。不安定な身分での雇用が長期化して高齢化している様子がみて取れる。全分野でポスドク数は二〇〇八年頃に一万七九〇〇人と最高で、「炎上」後、一万四〇〇〇人以下まで減少した。

　ポスドク問題化のもとには大学院の拡大がある。大学院博士課程在学者数の推移をみると、一九六〇年と最高であった二〇〇六年で約一〇倍（七四二九／七万五三六四）に膨れ上がっている。増加の推移をみると、一九九三年頃にはすでに五倍に達しており、様々な「増員」テコ入れ政策があった十数年の間に

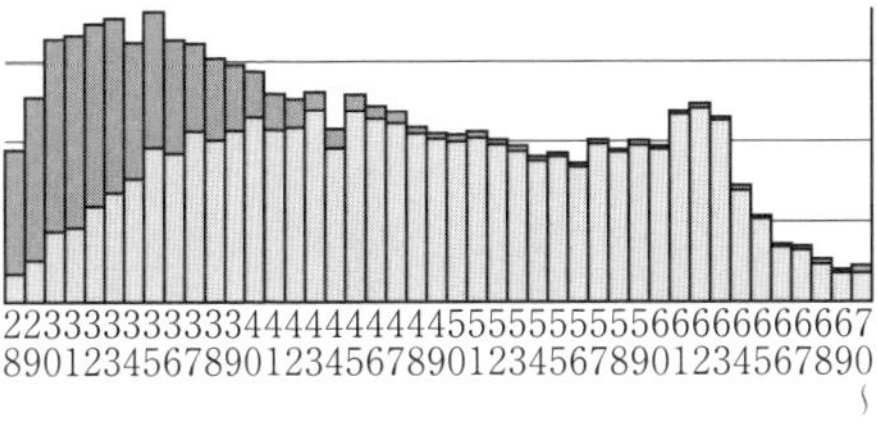

2233333333334444444444555555555566666666667
8901234567890123456789012345678901234567890
~

図　理学系の年齢別大学教員数
大学理学関係の教員・研究者の年齢構成。棒グラフの灰色が教員人数（特任を含む）、黒色はポスドク人数。横軸は28歳から70歳以上までの年齢。教員でも有期雇用の「特任」が増加しており、その割合は変動している。研究業務が主の若手教員の雇用には「特任」が多く、「不安定身分」には「ポスドク」だけでなく「特任」も含まれるが、この図からはそれは分からない。縦軸は棒グラフの上端が約700名（文科省HPの資料より）。

二倍になった。「政策ミス」が問われるのはこの「二倍」という部分であって、そこまでは需給バランスを見ながらの自然運転で制度が定着してきた時期だったと言える。

大きく事態が変わったこの時期、「重点化」や大学評価制度が始まって、定員充足率や志望者倍率などをチェックして増員を促す「テコ入れ」があり、増員分の行き先はしばらくポスドク枠の増加で吸収されて「破綻」は先送りにされ、「安定職」に移る時期の見通しの立たない人の数が増加し、「炎上」問題が噴出したと言える。

博士「増員テコ入れ」の政策判断の一つに次のような国際比較があった。人口一〇〇万人当たりの博士数を見ると独三〇七、英二八五、米二二二、韓二〇四、仏一七三、日一三一である。日本の数（二〇〇八年）は「テコ入れ」前の長年の積算数だが、確かに日本で博士が多すぎる状況ではない。ただ前記の『Nature』の記事によると博士が就く職種は日本が特殊すぎ、それは研究界という「狭い世界」に閉じない問題である。

今では「テコ入れ」の元凶のように目されている「重点化」であるが、京大理学部の「重点化」の際、私は理学部長として細部の調整で苦労した。その経験から言えば「重点化」が世上言われている「元凶」言説の全てに与するものではない。ここでぶちまけても通じない話が大部分だが、一般性のある感想を一つ言えば、「弟子がいないのは寂しい」という教員心情の強さも問題の一つである。教育の大事な側面だが、同時に院生が「心情」のはけ口とされてはたまらない。もともとプライベートな概念である「弟子」を制度化する際の課題だろう。

政策ミスか選択ミスか?

「炎上」時、リーマンショックのドサクサも一緒になって、行政も対策に動いた。そんな中で日本物理学会も、博士取得者のキャリアパスの多様化の啓発キャンペーンを行い、その一環として多様化のモデルとなる人物が登場するコラムを学会誌に設けていた。その企画で依頼された円城塔（二〇〇〇年博士取得、二〇〇七年転職、二〇一二年芥川賞）の一文（『日本物理学会誌』二〇〇八年七月号）がある。「シリーズ」の趣旨に「何かの例示として役立つものとは思えない」としつつ、辛口でこの「狭い世界」の奇妙な習性に言及しているが、冒頭部の「〝お前が研究者をやめてくれて心底からほっとした〟。母親もそんな言葉で大卒初任給ほどの待遇で居場所を探してきた息子の転身を心から喜んでくれた。なるほどこれからは親孝行をせねばなるまいと恥じ入る次第である。これまで大変に苦労をかけた」という告白はあまり語られないこの問題の深部であると思う。「生きていくのに必要な対価、この数値やら成分やらが異様に低く見積もられているのが現在の大学周辺の状況だろう」という指摘は同感である。拙著『職業としての科学』（岩波新書）もこれを深めたいという意図もあったが、職業＝労働問題の側面よりは、職業＝天職という形而上学に偏ったかも知れない。どこまで個人化するか？　政策ミスか？　選択ミスか？　悩ましい問題である。

かつての助手ポスト

学部卒後一〇年ぐらいは定年まで居ることができる安定した職（米国ではテニュアトラックの職）が定まらないのは、この狭い世界では普通のことであった。この一〇年ぐらいの半分は大学院学生の期間で残り半分は助手の期間であった。半世紀以上前の大学での助手の実態は千差万別だが、研究を主とした理工系の大研究室では助手ポストは実質任期付きポストであった。国家公務員である助手は、労働法上はしがみつく権利はあるが、長くその研究業界の中で生きていくには業界の暗黙の掟を無視できなかった。助手ポストは毎年生産されてくる新人達の共有財産のようなものであり、日々「早く退け！」という厳しい視線の中のポストであった。研究室は教授の私物でなく天下の公器であるという観念は大学の戦後民主化の各論の一つだが、大学紛争後の一九七〇年代から一般化したと思う。

ただ助手のポスト数は、その後どこに落ち着くかは未定でも、助教授、教授と続くながれを可能にする数に制限されていた。未定なのは住む都市とか子供の学校とか連れ合いの職場とかであって、三、四〇年生きる世界が不定であるという精神的重圧はなかった。ところが、少子化で大学教員の増員がなく、行革で公的研究機関の安定ポストの増員もないなか、いくらでもそうした問題の解決を先送りにし、将来は未定でなく解なしの不定なのである。アカデミック職場の雇用を増やすには、海外から学生を呼び寄せ大学を国内産業からグローバル産業に変えるしかない。

理工系は士族の転職口

「オーバードクター」やポスドク問題では何十年の歴史をもつ「先進地」である理論物理では、最近、海外の大学で働く人間が、ネット環境も手伝ってか、増えている。ひと時代前の欧米先進地での「学び」ではなく、後進地で「教える」外国人教師としての働き方である。腕一本で国際人として生きる勇気に感服する。長い間、日本の科学者にはこういう意識はなかった。

「近代産業の起こるときに現れた科学技術者というプロフェッションは、社会の底辺から腕に覚えのある技術によって出世してきた階層である。イギリスの産業革命期の技術者は奉じる宗教の故に差別されて大学に入学できなかった層から出た。彼らはハングリーであったから、汚染された環境にも耐えて工業によって社会進出をはかった。明治の日本では、西洋からの技術導入は、主に新政府の政策のために秩禄を失った士族階級の子弟が、新職業である理工系に新天地を求めて来て行われたものである。彼らはハングリーであったが、世界でも例外的に社会的出自は高かった。日本で理工系の社会的地位が欧米に比して高い所以である」(中山茂『科学技術の戦後史』岩波新書)。

確かに第2章で見た〝長州ファイブ〟のように、科学者の家系は、白虎隊の生き残りで初の理学博士という山川健二郎から初のノーベル賞の湯川秀樹の世代まで、江戸末には士族か藩の典医の家系に属するものが多い。彼らは、経済的に裕福かどうかは別にして、自己実現などではなく、公につくす使命感においてハングリーであったが、中山はこの出自の限界を次のように指摘する。「近代化工業化に成功して世界の最前線に出ると、態度が変わってくる。平たくいうと、モノをつくってカネをもうけた人は、そのカネで金貸しをして余生を左うちわで暮らしたくなるということである。何も忙しくてつらい理工系の訓練を受けたいとは思わなくなる。すなわち、理工系離れである」(中山前掲書)。

確かに、一九世紀前半の科学勃興期に見られたハーシェル、ガルヴァーニ、フランフォーファー、オーム、ファラデー、ダーウィンなどのように、宗教心の代わりの科学マインドにトランスしたような天才は日本には登場しなかった。〝「お上」としての科学界〟(拙著『職業としての科学』)であり、初期には異常なほどに学者家系同士の婚姻関係で結ばれた新階層を形成した。昭和初期までのこうした科学界の景色が一変するのは昭和一〇年代の理工系の大学と工業高専での大幅定員増(本書第5章参照、一〇年で四倍)と敗戦によるフラットな身分観の出現である。

受験競争と学歴社会

一九六〇年前後、気付いた印象の一つに助手や助教授クラスに陸軍幼年学校や海軍兵学校(江田島)の出身者が結構な数いたことがある。確かに、文部省の記録にも終戦から間もない八月二八日に、陸海軍諸学校出身者、在学者を無試験で文部省所管学校へ転入学させる閣議決定をしている。戦前、軍国主義が強まるなかで人気が高く、受験競争の激しいこうした学校がアンビシャスな若者を多く抱えていたのだろう。敗戦で看板が付け変わったが、「勝ち残る能力のある者は同じなんだな！」と思ったものである。広島に原爆が落ちた翌日の新聞紙面を見たことがある。目に留まったのは新聞一面の広告に受験ものが多いことである。今から振り返れば、「目指している権威は崩壊寸前」なのだが、この期に及んでも人々は受験競争に活路を見ていたのだ。

学歴社会の拡大

学歴社会の受験競争の激化で「なぜ学ぶ」の抽象化が進行した。「学校教育の効果、それが人間の能力および意欲を如何に変えるかは、教育される人間が何を学ぶか、あるいはどういう風に学ぶかだけではなく、なぜ学ぶかにも懸かっている。真に教育的である学校教育と、学歴を授け、単なる証明書発行の手続きに過ぎない学校教育との違いの根底にはこの問題が横たわっている」（ドーア『学歴社会――新しい文明病』岩波書店）。

先行する現実を追いかけて専門家をこしらえる明治開国期は、泥縄的だが、「なぜ学ぶ」は具体的で、煩悶はなかった。それに反し学校教育の制度が整備されると「なぜ学ぶ」が抽象化され、学びはゲーム的な受験競争に転化する。それでも「受験勉強がなければ遊ぶことばかり覚えているかも知れない年頃の若者を、朝の七時から夜の一一時まで教科書に縛り付けておける限り、誰もが知っているようにローマ帝国を破壊し、イギリスの精気を奪い、今やアメリカの政体に性病をはびこらせている、あの快楽主義の侵食を、社会はここ暫くの間、何とか喰い止めている」と、「指導層は表向き慨嘆していても内心では一定の効果を見ているのである」（ドーア前掲書）。もっとも現下の日本では、大学の定員割れで、大半が受験競争から「解放」され、受験勉強もしなくなった。

「学び、知り、理解し、考えることが人を開化する、教育すなわち人間の知性、精神を養うことは、よい社会、経済的に生産性の高い社会の基盤である、教育の改善は社会を改善する手段である」（ドーア前掲書）べき学歴社会が「二流以下の企業は二流以下の大学から人を採る……。この大学の出身者になると、その大半は家業を継いだり、あるいは何とか芽を出そうと奮闘している零細企業に雇われて、その中卒経営者が銭湯で自慢する種となっていたりするのである」に終わったのでは「文明」とは何であったかとなる。「学ぶ＝学校」の公式をどの年齢まで引き上げるかが問われている。

「大学院も狭き門」

二〇年前の「増員」政策期をはるか遡る一九六〇年代、大学院志願者は自然に急増した。「ここ数年来、どこでも大学院入試の倍率が増えている。例えば、京都大学の物理専攻では一〇年ほど前には二倍以下であったのが、今年（一九七一年度）は平均で八・四倍となっている。なかには素粒子論分科のように、合格者三名に対して志願者が七九名であったところもある」（武藤二郎・佐藤文隆「大学院も狭き門」、『自然』（中央公論社）一九七一年三月号）。ここに京大理学部、東大と阪大の物理などのデータも載っているが、一九六二年頃から、合格者はほぼ一定だが、志願者が急増している。一九六〇年代後半は私は助手だったが、毎年人数が増えるので試験採点や面接で大わらわであった。この「異常」さが当時、先の文章を書かせた。

ポスドク問題「炎上」後、大学院進学や理工志向が陰った昨今では、広報・宣伝一つなしでも志願者が押しかけるこの光景は垂涎の的だろう。この文章の後半は「オーバードクター」問題である。当時すでに博士取得者の就職問題が発生しており、一九七〇年代後半から深刻化する。ここでは「大学院浪人」を憂慮しているが、なぜ志願者が増加したのかの分析はない。

半世紀前は中退が勲章

最近は政府の委員会のメンバーの学歴を含む経歴がＨＰに公示される。現職や職歴は利益相反排除の視点からも必要な情報だが、なぜか学歴もある。これを眺めて形式的な整合性に目がいく人間がおり、例えば「大学院博士課程単位取得退学、××博士」とあると、「退学なのに博士とは経歴詐称だ！」と咎める。三〇年以上前では今のように大学院修了証書のような博士号ではなく、二つは別物だったことに想像力が及ばないようだ。私の学歴も「大学院中退、理学博士」であるが、当時、理工系では中退で助手になるのが格好よく、中退は勲章の気分であったが、今では何か「事故」のごとく訝られるように変化した。

私は、自分が大学院進学を決めた流れはもうよく覚えていない。英語の本などで世界には学ぶことがまだ膨大にあるという実感をもったことが一つある。加えて物理学、とりわけ原子力は社会を牽引するものに見え、湯川研究室から分家した林忠四郎の新講座を選んだ。四年生の一一月祭では、講義室の椅子机を積み上げ、大きな模造紙に文章や絵を書いてぶら下げ、「未来のエネルギーは原子力」という展示会をやった。今から考えると妙だが、林の講義を受けたことも、喋ったこともなく、院入試の際、林は在米中で、面接も助教授と助手だった。四年生での研究室分属は別の統計力学の講座だった。

山形の実家は商売をしており、八人兄弟の七番目なので、進路を親に相談する場面はなかった。親は五人の娘たちの嫁入り先を気にするのが精一杯だった。四年生になる春休みに帰郷した時に、母親に大学院に進むと伝えた。まわりの教員像はあるものの自分で考えても不確実な選択だが、まして母親には想像もつかないものだった。ともかく不確実な選択であることは理解したようで、「帝大出てんだから、帰ってきたら助役にはなれるよ」と自分を納得させるようにポツリと言った。挑戦するにはセーフティネットが必要なのである。希少性に由来する学歴エリートの資格がその機能を果たしていたのかも知れない。

第8章　超新星爆発とSSC中止の間

超新星爆発と特集「日本の物理」

米国物理学会系の月刊誌『Physics Today』の一九八七年一二月号は日本特集であり、最初のページには大きく「日本の物理」の漢字が踊っていた。専門が違う分野の研究や制度の動向などの論説や記事が載る学会員向けの情報誌である。国内学会誌だが、米国の大きな存在感を反映して、国際的な広がりをもつ情報誌である。

この年の二月に南天に輝くマゼラン星雲内で爆発した超新星からのニュートリノが地球を突き抜けて岐阜県神岡の山中にあるカミオカンデで検出された。表紙のカミオカンデの写真が示すように、この発見が特集の直接の動機であることが分かる。これが小柴昌俊の二〇〇二年のノーベル物理学賞に結びついたことはよく知られているが、実はこの超新星爆発では日本のX線観測衛星も大活躍した。米、ソ連、欧州のX線観測衛星が上がっておらず、三〇〇年に一度という稀な天文現象の観測は日本の独壇場だった。日本の観測衛星は別のプロジェクトで偶然にこの直前に打ち上げられたものだが、小田稔の迅速な指揮のもとで爆発後の重要な時期の観測に変更して大成功した。

日米貿易摩擦と「タダ乗り論」

確かにこの「爆発」は日本の宇宙観測陣の実力を世界に認識させた事件だが、内容をみると、特集を組んだ背景はもっと広く、当時、猖獗を極めていた日米貿易摩擦が背後にあったようだ。日本からの半導体ハイテク部品の米国への輸入が急増して米国内の企業が打撃を受け、基礎研究タダ乗り論などを日本に投げつけていた。確かにトランジスタも集積回路も米国での基礎研究の成果であり、多くのノーベル賞にも繋がっている。ところが、いざ大量に社会で利用される段階で日本企業が大儲けして米国の雇用を減らしている、こういう言説が米国内に広まった時期である。さらに日本はバブル経済真っ盛りで、NY一等地の買い占めなどで感情を逆なでしており、元来庇護下にあった存在がハイテク技術力を武器に米国に侵入してくる、そういう新たな経済的脅威として日本が浮上した最中であった。全く偶然なのだが、超新星爆発で示した日本の観測陣の大活躍が「摩擦」とも繋がっているとの認識がこの「特集」を企画させたのだ。

「特集」のラインアップ

『Physics Today』誌の日本特集のラインアップは次のようである。

G. B. Lubkin　特集概要
小田稔　我々は日本のスペース科学から何を学ぶか？
小柴昌俊　観測的ニュートリノ宇宙物理
林主税　超微細粒子
田中昭二　高温超伝導の日本での研究
上村洸　グラファイト層間化合物
G. E. Pake　物理学：日本と米国の競争力

まず、ハイテク脅威論に超新星観測を重ねていることが読み取れる（スペース科学とは人工衛星を用いた科学）。「日本の物理」をハイテク工業とも繋がる基礎から応用の物理まで広げている。ハイテクの三つの論文には、米国の同業者が興味をもつ研究費の制度面にも触れている。ＥＲＡＴＯという当時始まった先端研究を新技術開発事業団（現ＪＳＴ）が研究資金をもって組織化するという、いわゆる国家主導の産官学システムが紹介されている。応用物理学者であるPakeは当時はXerox社の重役であり、日本支社である富士ゼロックスを通して付き合った日本企業の印象に触れている。

特集「日本の物理学者たち」

今からもう三〇年近く前の日本が勝者であった日米「摩擦」は記憶からも消えるほどに、今日、ICTによるテクノシステムの大転換により日米の位置関係は完全に逆転している。実はこの時期、この日本「脅威論」を外圧にして、米国内ではテクノシステムを大転換する構造改革が始動していたのである。本章の論旨はそこにあるのだが、そこに行く前に、『現代思想』二〇一六年六月号の特集「日本の物理学者たち」と『Physics Today』誌「日本の物理」特集との際立った違いを指摘しておきたい。この二つは時間差が大き過ぎるとしても、二〇一四〜二〇一五年と続いたノーベル賞が示しているように、LEDもニュートリノも「日本の物理」の看板なのであり、一九八七年の「特集」はそれを正確に捉えている。それに比べると『現代思想』のラインナップは旧来のイメージを引きずったもので明らかに実態を表していない。

もっとも、私のこの感想に対して編集者が言うには、ハイテクに連なる方面にも依頼したが、依頼された方々も「物理学者たち」の意識は薄く、引き受けてもらえなかったのだという。ニュートリノとハイテクを結びつけている物理学のイメージが、世間だけでなく、研究者の間からも消えている危機を感じる。

実験物理でも先端に

本題に戻ろう。お気づきの読者もいるかもしれないが、ここ数章にわたり明治以来の日本の科学の制度および研究者のエートスなどに焦点を当てた内容となっている。バランスのとれた記述というよりも、長年この世界で生きてきて気づかされたスポット的なものである。自分の宇宙物理という専門で言えばこの「一九八七年超新星」は特別な出来事であった。この超新星のニュートリノとX線の観測チームには属していないが、世界中の目が日本に注がれているのを実感した。「日本」に誇らしさを感じ、気分のよい時期だった。それまで理論物理が強かったのは湯川・朝永のレガシーであると同時に、敗戦日本の経済的貧困が実験研究を遅らせたに過ぎないとも感得した。ニュージーランドでの高エネルギーガンマ線観測の責任者として駆けずりまわった記憶もこの思いを強めた（この「観測」については前記の『現代思想』二〇一六年六月号の梶田・佐藤対談で触れた）。

冒頭の「特集」は、日本が実験物理でもメジャーな存在になったとのメッセージであり、同時に、これは日本のハイテク工業力での勝利と重なって了解されていることがある。実際この時期、国際会議とかに行っても、ソニーやトヨタのブランド名での日本の工業力に世界中が目を見張っている様子が実感された。世界最強であった米国を追い抜いた画期的な出来事だという Japan as

No.1の風を心地よく味わった世代である。

「失われた二〇年」

ノーベル賞などで過去の遺産とも言える日本の研究の顕彰は続いているが、「失われた二〇年」と言われる日本の産業はその絶頂期からは程遠い状態にある。研究や大学の状況も少子高齢化やグローバル化の波に曝され大わらわである。事態は一九九〇年代半ばに激変した。インターネットなどの情報革命を主導する米国企業が次々と登場して、ハイテクのフロントで日米の地位は逆転した。

もちろん、米国民全員がこの勝利を享受してハッピーになったわけではなく、産業構造や労働環境の激変による失業などで多くの米国民は過酷な生活に放り込まれた。「トランプ現象」もそうした一端だろう。しかし、情報革命自体は、近代化の前歴のない低開発国の人民には民主主義のツールであり、人類社会を革新する巨大な流れとなっている。この新たなテクノインフラをどう活かすかは、技術に閉じない課題であって手放しに楽観できないが、革新的な技術の扉が米国で開かれたことは明白である。

冒頭の「特集」の時期、「摩擦」における憐れな敗者の眼差しを向けられていた米国のテクノロジーの世界がこの情報革命を生んだのだ。日本は「追いつけ、追い越せ」でやってきて、やっと追いついたと思ったら競争の種目が変わっていたのである。ある意味、日本が慢心していた時期、ビル・ゲイツから連邦政治までを含む色々なレベルでのテクノロジーに関わる革新が進行していたのだ。裏面で進行していた動きが表面に噴出して、フロントの勢いが日米で逆転したのである。

一九九〇年代半ばの大転換は日本でも広く肌身に沁みて認識されているが、震源地米国での日本の外圧をも利用した軍民転換の構造改革はあまり認識されていない。ゲイツやジョブズなどの在野の天才たちの活躍だけでこの革命が激流になったのではない。日本には全くない動きである。

ＳＳＣ中止事件

私自身が連邦レベルの政策の異変に気づかされたのは一九九三年のＳＳＣ中止であった。巨大な素粒子加速器ＳＳＣ建設が既に建設途上だったのに、クリントン大統領時代になってすぐ、議会がこの建設の中止を議決したのである。しかも、大きなお金を出して徹底的に解体し、一〇〇〇人近い雇用者もクビにして研究所自体を解散させる荒療治である。レーガン大統領が鳴り物入りでスタートし国家の誇りを謳う科学最前線の計画をこれ見よがしに解体したのだ。先ほどから述べている米国内で水面下で進行していた政策実行の政治的手段として、この荒療治を敢えて行ったのだ。荒っぽく言えば、冷戦体制下で市場や外部評価に一切晒されることなく半世紀も続いた軍需、原子力、核兵器戦略、宇宙開発、国立研究所などの関係者の意識改革のショック療法だったのである。この連邦政府に巣食う冷戦型テクノロジーシステムの大転換の推進者はゴア副大統領であった。

素粒子分野に近い研究者としてSSC中止は衝撃的な事件であった。当時、岩波書店から「21世紀問題群ブックス」全二四巻の一冊として『科学と幸福』の執筆を依頼されていたので、そこにSSC中止を受け止める考察を記した（一九九五年発行だが、現在は岩波現代文庫に上梓されている）。大戦後、巨額の費用を要する素粒子物理学が快進撃できた背景には、大戦時の原爆やレーダーでの貢献があった。この事実は産業技術にはない基礎科学こそが国家の危機を救うのだと総括され、続いた東西冷戦の中で基礎研究が奨励されたのである。GPSもインターネットもこの中で芽生えた。

「オッペンハイマーという選択」（『科学者、あたりまえを疑う』青土社、第11章）に書いたように、基礎研究がなんでも「お国のために」呑み込まれるという奇妙な状態が戦中から半世紀ほど続いたのである。それが東西冷戦崩壊で、この文化戦争の一角が崩れたことがSSC中止に繋がったというのがこの本のシナリオである。あわせて、この時代の変化のなかで国家への貢献と真理探究に絡む基礎科学者のエートスの形而上学を展開した。

冷戦崩壊と科学技術の転換期

冷戦崩壊で、国際的にも、国内的にも、大学や研究の世界が一斉に変貌した。岡田節人、佐藤文隆、竹内啓、長尾眞、中村雄二郎、村上陽一郎、吉川弘之編集の岩波講座「科学/技術と人間」が企画されたのもこの転換期を意識したものだった。そこで拙著『科学と幸福』のフォローアップをしていて気づいたことは、SSC中止の底流にある米国内の軍事とテクノロジーをめぐる冷戦崩壊後に起こった転換劇の全貌である。

これには、村山祐三『テクノシステム転換の戦略――産官学連携への道筋』(NHKブックス、二〇〇〇年)、米本昌平『地政学のすすめ――科学技術文明の読みとき』のII章(中公叢書、一九九八年)などが参考になった。自分が、米国の大学や研究所、研究者との付き合いの中で感じていた様々な事象が一気に読み解かれるのを感じたものである。

全体像からみれば、加速器物理やSSCが見せしめに選ばれた必然性はあまりなく、皆を驚かす荒療治劇の効果を高めるために眼をつけられたように思える。〝学問としての立派さ〟と規模の巨大さが目立ったのだろう。皮肉にも、転換政策全体の強行には〝こんな立派なものでも潰す〟政治効果があるものとして捕まった感じである。しょぼくれたものを潰しても政策転換の真意が伝わらない。拙著『科学と幸福』では基礎学問自体への攻撃のように受け取って論じているが、政治背景全体からみると〝立派さ〟がむしろアダになった政治劇だったような気がしている。

なんでも自分に引き寄せて他者を理解しがちだが、建国の経緯が日本や欧州と違う米国の国内政治をみるには違った枠組みが必要である。この十数年、情報化やグローバル化の中でこの特異性は減りつつあるが、一九九〇年代のテクノシステム転換のころの歴史の理解には、この特異性が肝心なことである。多分、欧州も日本に似ていると思うが教育行政や警察行政は国民国家の枢要なコアであるが、米国では州やタウンの地方政府が担ってきた。建国の経緯、広大な国土、交通手段などの理由で地方政府が主になっている。同じように、連邦政府や連邦議会の議員は産業政策といった内政への関わりも少ないのである。連邦政府の専権は外交と軍事である。冷戦体制で軍事や宇宙開発で政府施設が次々に作られて、それらを地元に誘致する競争は日本の議員活動と似ているが、一般の産業振興や地域開発に連邦が絡むことはなかった。

米国で議員は law maker と言われるが、それも排ガス法などで自由な経済活動を規制するものであり、振興策ではない。議員が勝手に規制的法律を作らないように業界団体はロビー活動で監視する、こういう構図であった。日本では正反対であり、業界団体の政府や議員との付き合いは予算や行政指導による政府の介入を陳情することである。こっちの方が議員にとっても旨味のある話である。米国では連邦は一般の産業に関係しないので、議員や政府官僚の口利きはかつてのロッキード事件のように軍需産業関係となるのである。二〇世紀の終わり近くまで、一般の産業と隔離された別世界として軍需や宇宙開発があり、そこが連邦議員の主要な活躍分野だった。日本などと違った連邦政府の限られた権限がこの特異性を維持してきた。

巨大な軍需費とその周辺

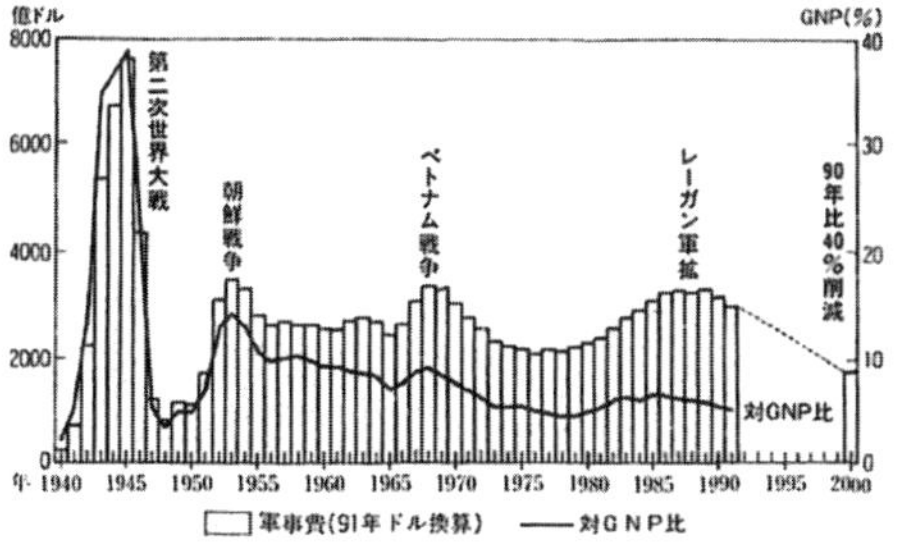

図は米国の軍事費の推移である。確かに大戦中のピークは破格に目立つが、朝鮮戦争やベトナム戦争の期間でもピークはそれほど目立たない。これは巨費が持続していたことを意味する。冷戦下での戦時特権性の平時化と言える。英仏と比較して金額約一〇倍である。最盛期はGNP比で六パーセントぐらいだが、連邦政府の歳出予算では二五パーセントにもなる。日仏英などと違って連邦予算には社会福祉などは含まれないから高率になるのである。

本章での関心事は一九九〇年代に起こったテクノシステムの転換にあり、そのためにそれ以前の米国連邦行政の特異性に眼を向けている。その観点で言うと、血をみる戦争をしている時期でもないのに、この巨額な軍事費が何に消

図　1940 ～ 1991 年の米国の軍事費（1991 年ドル換算）
棒グラフは軍事費（左側縦軸）、折れ線グラフは対GNP 比（右側縦軸）。軍事費は 2000 年が最低で、その後は対テロ戦争のためか増加傾向にある。
出所：米本昌平『地政学のすすめ』のII 章（中公叢書）

えていったのかに想像を巡らす必要がある。もちろん平時での兵器の点検・更新・開発や人件費はあるが、英仏の軍事費のサイズがこれに相当するのだろう。それで言えば米国の軍事費の半分もあれば十分であり、それ以外はすでに配備されている兵器などとは無関係の開発研究費にあてられていたのである。それも〝大戦での教訓〟から研究者の自由な発想が奨励されたのである。

冷戦型テクノシステム

前掲書の村山は「冷戦型テクノシステム」という概念を提起しているが、その特徴を整理しておく。第一にテクノの動機が経済や産業でなく安全保障であることである。原水爆実験やスプートニクショックに見られるように、相手のソ連とは技術的には伯仲しており、一時代前の量を増やす軍拡競争でない、ICBMなどの在来技術に全くないものでの先端技術競争になった。さらに脅威は軍事面だけでなく、体制優位の誇示と愛国心の涵養には、学問や文化での競争もあり、基礎学問にとっては青天井の楽園であった。第二に研究開発費が英仏独日の合計の二倍にも及ぶ巨大さであった。また全体に占める国家予算の比率が高く、日本では一、二割だったが、米では六割であった。経済原理から言って民間の研究開発費は短期的なリターンを求めるものである。第三には、産業上の技術の競合が動機ではなく、産業に未だない基礎研究の中からテクノの芽を探すという姿勢が「大戦の教訓」なのである。第四には、軍需、原子力、宇宙開発では、競合するものがないから、装置の仕様や完成度には経済性を無視したベストが求められた。不当に高額な場合もあるが、高額ゆえに民需の研究開発では登場できないものが現れたのも事実である。ミルスペック（military speck）という品質管理が半導体工業の中で陳腐化していったのが「転換」を招来した重要な要因である。

テクノシステムの転換

例の日米貿易摩擦を外圧として利用して、野党である「民主党は、日本からの新たな経済的脅威に対抗するために、行政府に対してより積極的な政策を求め、半導体やＨＤＴＶ（高品位テレビ）のような、軍事にとっても、また、アメリカ経済にとっても重要な、いわゆる両用技術を、政府が積極的に支援するように要求した。これに対して、ブッシュ（父）政権は、その中の自由競争主義派を中心に、これに攻撃を加えた。このような産業政策、科学技術政策をめぐる論争は、ブッシュ大統領の任期を通じて繰り返され、一九九二年の大統領選挙でもひとつの大きな争点になった」（村山、前掲書）。

連邦政府がテクノ面で軍需に特化していて一般産業振興には介入しないという従来の政策の転換を民主党は提案したのだ。冒頭の「日本の物理」でみた産官学のように、国が前面に出るべきだと。だが、これは同時に軍需の特権的地位を廃することである。共和党は冷戦型テクノシステムの中に巣食う〝抵抗勢力〟を斬れなかったのだ。

「この大統領選でクリントンが勝利をおさめることにより、積極的な政府の役割を認める産業技術が実施に移されると思われた。とくに、副大統領に就任したアルバート・ゴアが、実質的に政権の科学技術政策の責任者になり、彼がその上院議員時代から、戦略的な両用技術の政府支援を積極的に後押しし、また、政府が全米に光ファイバーを張り巡らす「情報スーパーハイウェイ構想」なども推進していたこともあり、政府の役割が高まる方向に政策が推移すると予想されたのだった」(村山)。しかし、急激な転換は産業界の反発を買い、新興情報通信業などでは政府は後押しする役割に後退したが、もう一つの「特権」を廃する政策は実行に移された。

冷戦型テクノシステム下の研究者

「特権を廃する」が政治的に決着しても、現場の研究者のエートスは簡単に転換できない。「冷戦時代に国家安全保障会議という錦の御旗のもとに、核兵器研究者にとっては理想的な研究環境を整え、維持し続けてきたそのこと自体が、最大の障害になっているらしいのである。機密保持のために外界からは隔離されてきたため、独特の特権的な研究所内文化ができあがり、産業界への技術移転や実用化研究にはまったく興味を示さず、これらを一段低くみるような態度が生み出されている。冷戦構造がゆるみ始めた八九年に、連邦議会は、前述の国家競争力技術移転法を成立させ、エネルギー省傘下の研究所が軍需産業以外の一般企業とも共同研究開発の契約を結べるようにしたのだが、これが思うように進んでいない」（米本、前掲書）。

戦中戦後と途絶えていた日本の研究者の海外経験が一九五〇年代から再開し、圧倒的な比率は米国に行き、研究復興の指導者となった。彼らが接したのは冷戦型テクノシステムの米国であった。とくに一九五〇〜六〇年代は、米大学の目は「連邦」の軍需や宇宙開発に向けられており、産業界の課題は大学では無視されていた。「このような大学の姿勢が、逆にアメリカ産業界に、大学での研究は学問の象牙の塔の中で行われるものであり、産業との関連性は薄いという固定概念を生み出した場合さえあったのである。したがって、日本の教授がアメリカの大学で教育を受けても、それは産業に役立つ実践的なものとはならなかったのである」（村山）。

「坂の上の雲」

小柴ノーベル賞の時の「明治以来の初めて」という私のコメントが新聞紙上でもインパクトをもったようだった。まさに「追いつけ、追い越せ」が達成された歴史の画期を一九八七年の超新星がショーアップしたのであった。超新星より一〇年ほど前だが、小田稔にある用事で呼び出されて、どこか野外でお会いしたことがあった。「こま切れに時間が空くので……」と言って、膝の上に司馬遼太郎の『坂の上の雲』を開いていた。用事そのものとは関係ないのだが、先生の意外な姿だったので強く記憶している。間もなく到達する「坂の上」を見つめていたのだろうか。

第9章　アインシュタイン生誕一〇〇年と「改革開放」初期　周陪源と方励之

方励之追悼文集

二〇一二年四月、方さんが亡くなった時、彼の研究室の人からすぐメールが入り、彼の妻である李淑娴と息子達にお悔やみを送った。まもなく方励之がアリゾナで亡くなったという外電が流れた。二〇一三年暮れ、在米の見知らぬ中国人学者からメールが飛び込んだ。方さんの追悼文集への寄稿の依頼であった。そういえば、翌二〇一四年は天安門事件二五周年の節目の年であった。二〇一四年、香港の明鏡出版社から『方励之紀念文集　科学巻』という大部の本が香港から届いた。表紙の写真が彼の楽観主義と強い意志を感じさせるベストチョイスだとメールしたら、李から直ぐ「本当にそう思う！」という返信が帰って来た。大国中国を世界に開いていった明るい時期の表情が印象的であった。

一般相対論が縁で、中国の改革開放の初期、当時は中国科学技術協会（「協会」）の会長の周陪源（Chou Peiyuang, 1902-1993）と同世代の研究者である方励之（Fang Lizhi, 1936-2012）との関係が深まった。一般相対論の研究では郭沫若の息子である郭漢英などの多くの研究者とも知り合ったが、天安門事件で方が海外に亡命した後は、急速に中国の学者との関係は疎遠になった。

アインシュタイン生誕一〇〇年

戦後の日中学術交流は学界の大物を揃えた代表団から枠を広げるかたちで始まった。物理学では有山兼孝、茅誠司、坂田昌一などが熱心で、中国側の代表は周陪源であった。

中国と私の関係はこの筋と独立に始まった。一九七九年、サラムが所長をつとめ、ユネスコとＩＡＥＡが出資していたトリエステの研究所が主催する「アインシュタイン生誕一〇〇年マーセル・グロスマン（ＭＧ）会議」での周との接触から始まった（グロスマンとはアインシュタインの学友で共同研究者である）。ヴェネチアに近いトリエステはかつてオーストリア帝国の地中海の港町であり、また当時はユーゴスラビアとの国境の街なので、東西冷戦下でも東側の研究者が来やすい研究所であった。中ソ対立の中で、サラムの母国パキスタンは親中とみられていた。

トリエステ、サラム、ユネスコ、周の専門などの要素が重なって、「協会」はこの会議に十数名の中国代表団を送った。この会議の組織委員に周とともに私も名を連ねていた。こうした私は主催者の招宴などで周と知り合った。また会議中に朝永振一郎の訃報を電報で受け取り、参加者にアナウンスされこともあり、周から弔問の辞を受ける立場だった。

周は米国で学位を取得し、ハイゼンベルクのもとに留学した経歴も持ち、一般相対論の論文もある数理物理学者で、北京大学学長もつとめた。「協会」会長の一九七七年の訪日の際には朝永とも会見していた。このトリエステでの接触後、周が来日する際は流体物理学者の巽友正と私が懇談に招かれたりした。日本で世話する友好団体の事務局の人達は従来の友好運動に縁のない学者の急な登場に面食らっている様子だった。

一九八〇年訪中

一九七八年暮に「協会」から一ヶ月にわたる滞在の招待状が届き、一九八〇年四月に訪中したが、この間にトリエステの会議で中国代表団との接触があった。

北京空港では特別出口から入国した。第一印象は、トラック荷台の上半身裸の作業員など、終戦時の日本に戻ったような懐かしい気がした。当時は学者もみな人民服で、講義室や会議室に華国峰の写真が飾ってあった。行動スケジュールは綿密に決まっており、北京—合肥—南京—上海と移動した。主な滞在地は合肥の中国科学技術大学だが、方は急遽米国に招かれて不在だった。

行動記録を記しておくが、いま見返しても結構、過密スケジュールだった。

一〇日　大阪発北京着／一一日　観光／一二日セミナー、観光／一三日　観光、列車で合肥

一四日　列車で合肥着、打合せ、宴会／一五日　学内見学、レクチャー1／一六日　レクチャー2、観光／一七日　レクチャー3、交流会、観劇／一八日　空き、レクチャー4／一九日　観光、学生講演会、日本語クラス交流／二〇日　自動車で黄山へ／二一―二三日　黄山観光／

二四日　自動車で合肥に戻る／二五日　学内交流、レクチャー5、観劇／二六日　レクチャー6、講演会／二七日　列車で南京へ、宴会／二八日　セミナー、交流会、観劇／二九日　講演会、観光／三〇日　観光、列車で上海へ／一日　観光、五一慶祝　文芸会／二日　上海発大阪着

ここで「レクチャー」は大学院の集中講義レベルのもの、「交流会」は研究を聞いてコメントするもの、「講演会」は学部学生を含む一般講演、「セミナー」は自分の研究の講話である。英語で喋り、専門家向けは通訳なし、「講演会」は中国語の通訳がはいった。黄山行きを含め、「観光」や「観劇」には研究者と専門のガイドがついた。「宴会」は大学の幹部が一〇名程出席した。北京の科学院理論物理研究所は所員三〇名弱だが、一般相対論、場の理論の研究者がまとまっている。セミナーには北京大学からも多数来て盛況だった。郭漢英がリーダー格で、彼にはその後も国際会議でよく出会った。

北京から寝台列車で、徐州など日中戦争侵略のルートに歴史を感じて、半日余りかかって合肥

に着く。この大学は北京設置の予定だったが文革の影響でこの無名の地に移されたという。六回の「レクチャー」を聴講したのはこの大学の一〇名程と北京や広東からやって来た四名で、熱心に聴講した。「交流会」での彼らの研究テーマはパルサーが多かった。方も私もそうだが、相対論的宇宙物理が流行する前はプラズマを勉強してきた人が多かった。「講演会」では学部学生を含む二、三〇〇人相手にブラックホールの話をした。

合肥に観光スポットはないが、同じ安徽省の黄山行きは圧巻だった。観光的に「すばらしい」だけではなく、生活の珍しい光景に出会ったという意味だ。ワゴン車で移動するのだが、中都市を横切る時などは、公安のオートバイが先導し、道路にいる子供やニワトリなどをクラクションで蹴散らして進んだ。途中、長江をフェリーで横切る時も床に水がかかる生々しいものだった。黄山でのトイレも例のオープン式のものでまいった。

解放軍縮小の小景

南京のホストは紫金山天文台で、研究者との交流はそこであったが、南京大学キャンパスで科技大と同じ学部学生向きの「講演会」もやった。研究者との交流では日本の研究制度のことを話した。これには東大天文に在籍していた劉彩品が「海外の研究制度をもっと知ることが大事だ」と痛感してそうしたらしい。制度の話なので、この時は彼女が通訳し、彼女と二人で日本の実情を伝えるかたちだった。

天文台に上る自動車道の角ごとに人間が立って次の見張りに旗をあげて伝えていた。「もったいないね」と言ったら「人が余って困っているんだ」ということだった。当時、人民解放軍兵士を四〇〇万から三〇〇万に削減中で、余った人員が大学や研究所にも「配給」されていた。若者はこんな仕事でもいいが、軍幹部だった者には役職が必要で、不必要な管理事務をつくり処遇することになり、煩雑な事務が横行しているようだった。その頃、日本の国立大学で進行中の定員削減とは真逆な光景だった。

これと関係あったのか知らないが、当時の中国の大学は巨大な事業体であった。職員の食料の調達から、師弟の学校教育まで、大学の事務が請け負うもので、日本の会社主義を超える丸抱えの一家意識であったようだ。

「五一慶祝」

上海では研究交流はなく、ガイドと過ごした。帰国前日はメーデーの日で、その晩は大劇場で合唱、二胡、雑技、京劇などの芸能オムニバスをいい席で参観できた。出国の手続きは一切なく、ホテルからの自動車でタラップ下まで行った。手荷物も誰か飛行機に入れてくれたが、日本に着いてこれがトラブルだった。中国では付け人がつく身分だったが、伊丹に降りた途端にタダの人である。お土産で増えた荷物を一人でマネージできなくなった。この経験はその後ソ連を訪れた時の厚遇に賢く冷静に対処する知恵となった。

方励之の日本滞在

帰国後、方の来日のアレンジを始めた。彼は世界各地から招待されている様子だったが、一九八一年一〇月〜一九八二年三月に訪日した。ちょうど、湯川秀樹の葬儀や追悼行事が済んだ頃だった。

頻繁に海外を経験したので、彼は完全に欧米人の身のこなしになっていた。京大に滞在する中国人とも一人で連絡をとり、生活上の手のかからないガイジンだった。またこの時期彼は一九八二年に上海で開催するＭＧ３への海外からの出席者を増す努力をしていて、勝手に私の秘書を上手に使い、テレックスなども多用していた。

滞在中、議論している内に宇宙的に遠方のクエイサーは重力レンズ効果を何回も受けることに気づき、大気の密度のゆらぎで屈折率が変動する星のぼけの現象と同じに扱う短い論文を共著で書いた。彼は仙台、東京、名古屋、広島、福岡の大学で研究交流もした。まだブラウン管だったパソコンを買って帰国した。

滞在中に正月があり、自宅に招いたが、娘の書き初めに付き合って、書道の腕前を見せてくれた。隷書という独特の漢字も見事であった。一九八二年夏の上海MG会議には妻と娘の三人で行ったが、会議が終わった晩、妻と二人の息子も加わった方一家と一緒に、四川料理の晩餐で盛り上がった。方の妻は北京大学で物理教育の教師をしており、別居のようだった。この晩は楽しい思い出である。

MGの会議中や晩餐の時の対話と後の文通を通して面白い論文が出来上がった。二人で仕上げた英文論文を彼が中国語に訳してまず中国の学会誌に掲載された。多分、欧米の研究者からの示唆で、英語版の共著論文をGravity Awardに応募して、一九八五年度の一等賞に選ばれた。この賞の受賞者のリストをHP（http://www.gravityresearchfoundation.org/winners_year.html）で見られるが、一等賞はペンローズやホーキングの名が並ぶ豪華なもので、学界名士入りである。

MG会議の成功と「開放」政策

国際的に継続しているMG会議のような大型の国際会議の開催には、参加希望者全ての入国を許可できなければならない。当時の中国は、イスラエルなどには、そこまでは開放されていなかったが、これが「開放」の突破口になった。これだけの大事を突破できたのは科学界の指導者である周の功績であった。私はその周と名を連ねる大会役員であったから賓客の一人であり、大会後の南京と杭州への旅はガイド付きで豪勢なものだった。杭州近くの魯迅の故郷もゆっくり訪問できた。

上海MG会議の成功も方の立場を押し上げたのか、一九八四年、彼は科技大第一副学長に選ばれた。学長はお偉方が名誉的に座るので、第一副学長が実質学長である。一九八五年春、京都に来る途上中国に立ち寄ったホーキングを迎えて注目された。

日本の中国ウォッチャーから彼が党の文化人指導部と衝突しているという資料を郵送されてきた。翌年一九八五年夏にローマで会った時、このことについて方に聞いてみたがたいしたことないと言っていた。翌年夏、彼の妻の李が学会で東京にやって来た時には電話をくれた。二人でプリンストンに行ったこと、彼が中国で国際ワークショップを開いたことなど、弾んだ声で伝えてくれた。

新星の登場を香港あたりの新聞解説は次のように伝えた。「彼は相前後してローマ大学物理系客員教授、ケンブリッジ大天文学研究所客員研究者、日本京都大学基礎物理学研究所の客員研究員を務めた。八五年五月七日佐藤文隆教授との合作研究「類星紅移分布中的周期性是否連通宇宙的一個証拠」で、国際重力研究基金の一等賞を受賞した。佐藤教授は方励之のプロフィールを「七九年にイタリア、イギリスのケンブリッジなど学会で初めて対面して以来の交際だが、大人物であり、そそくさしたところがない。才気煥発、頭の回転が早い」と語っている」(『日中経済協会会報』より転載)。

この頃から科技大学生の民主化運動が日本の新聞に報道された。朝食の時に妻と「方さんも大変だな」と話していたのを憶えている。我々の認識は「学生の過激行動で管理者の副学長も大変だな」だったが、後でわかったことによると彼が学生を民主化運動に導いていたのである。この秋に幾つかの大学で学生を前に党指導部を批判する演説を行い、そのカセットテープが次々とダビングされ、合肥や武漢の大学から、北京の大学にも広まったという。

鄧小平じきじきの除名指令

一九八六年一二月三〇日、鄧小平が胡耀邦、趙紫陽、万里、胡啓立、李鵬、何東昌を呼びつけて、学生運動の取り締まりと方励之、劉賓雁、王若望の除名を指示した。年が明けると、三名の除名だけでなく、党書記の胡耀邦が解任された。一九八七年の「一月政変」である。

方は副学長を解任され、北京天文台の一所員に降格された。しかし、海外メディアはいまや国際名士となった彼を追いかけ、彼も指導部批判を続けた。その頃、米国の人権団体から私にも電話があり、海外と繋がっておれば当局が手を出しにくいからと、彼のアパートに電話をかけるよう要請された。

胡耀邦解任は政変劇の中間段階で、趙紫陽は指導部にとどまっていて、両派の言論戦はこの後も続いた。大局的には高齢の鄧小平後の主導権争いであり、若い時から鄧小平のそばにいた胡耀邦、趙紫陽、万里といった彼の開放路線を支えたグループ（共青団派）と長老・保守派の暗闘であったようだ。

日本の中国ウォッチャー達から私にも接触があり、送られてきた情報誌から彼の民主活動家としての政治経歴を知った。一九三六年北京の貧しい家庭に生まれ、母親が利発さに気づき、裏口から北京師範大付属小に入れ、一九五二年に北京大に入った。物理学科学生の時、共産主義青年団の大会で「独立して思考できる人間を養成すべきである。三好（学習、思想、身体）だけではダメだ、三好はしめっぽい言葉だ」と発言して、会場が混乱し、翌日、幹部が「今はみなが安心して学習する必要がある」と収拾したが、注目の人物になった。一九五七年の反右派闘争で党を除名、しかし多数の専門論文で頭角を現す。一九六六年から文革で下放、一九七二年に「四人組」失脚で正常化した科技大で天体物理部門を立ち上げる。「共産主義は人類の理想あるいは信仰であるといったほうがよい。人々はみな合理的なもの、公正なものを信仰する。共産主義もまたこの種の理想に属している」が、「理想は多様化しており、共産主義はその一つだ、どの理想も人類文明のなかでのその価値がある」。これが彼の政治信条であったようだ。

人権活動家へ

一九八八年夏、西オーストリアのパースであったMG会議で、方に再会したが、人権団体の活動家が彼の周りをかため、現地の新聞も「中国のサハロフ」として大々的に報じていた。この背景もあってかこの国際会議への注目度も増し、そのためか会議のゲルマンなど主要メンバー十数名が英国総督館に招待されたことは、拙著『科学と幸福』（岩波現代文庫）に書いたことがある。

この時期、東欧の民主化やソ連のペレストロイカなど、社会主義国家は揺らいでいた。一九八九年一月、方らは政治犯釈放要求の書簡を鄧小平に送り、これに多くの文化人が呼応した。訪中した米大統領は二月二六日の米大使館での送別宴に方夫妻を招待、米大使館にやって来た二人の出席を中国当局は実力で阻止した。こうした中、四月に胡耀邦が急死、五月にはゴルバチョフの訪中があった。

天安門事件と出国

世界が見守る中、民主運動はデモやハンストを仕掛け、五月一七、一八日には天安門広場で一〇〇万人デモを挙行した。二〇日には戒厳令が出されたが、指導部内の意見対立からか直ぐには実力弾圧は行われず奇妙な状態が暫く続いた。しかし趙派が敗れ、六月四日未明に軍の発砲が始まり広場から学生達を実力で排除し、批判分子の逮捕にふみきり、方夫妻は六日に米大使館に逃げ込んだ。米ではケネディ人権賞を彼に与えるなど激励が続き、米中で彼らの扱い交渉は膠着したが、一年以上して英国に出国、そこから直ぐに米国に移動し、最終的にはアリゾナ大学に研究室をもった。天文観測に適する乾燥地のこの大学の近くには米国の国立天文観測所があり、天文学の研究にはいいところである。

その後の二度の訪日

北京の米大使館に幽閉中は連絡出来なかったが、米国に移った頃から連絡が復活した。一九九一年夏に京都で開催するMG会議の共催団体IUPAPの宇宙物理委員会の委員長だった彼が来日した。日程が定まると京都府警の外事課から彼に警備をつけると連絡があった。また関西の中国留学生のグループから彼の講演会を開きたいと接触があり、報道からの問い合わせなど、慌ただしくなった。このMG会議にはホーキングも来るので、その特別な手配にもう一つ新手の対応発生で大わらわだった。府警は英語のできる係官を警備につけたので、終わりの方では彼の鞄持ちのように打ち解けていた。留学生達の集会は本能寺会館で開かれ、心配なので私も同席した。翌朝の国際会議場（宝ヶ池）の開会式の壇上には、日本学術会議会長の近藤次郎、文部大臣挨拶の代読者、ルフィーニ、ホーキング、方、私が列んだ。

方はもう一度一九九八年春に私の還暦記念の国際会議に参加するため訪日した。もう政治的動きはなく、彼は研究費を申請して院生の世話に熱心な教授であった。還暦祝いの詩文を墨書した書を頂いたので、表具して額で掲げている。李白の詩を引用し、阿倍仲麻呂を迎える長春の宴と還暦の宴にひっかけた漢詩である。

「一九八七年一月政変」で注目の人物になった頃の一九八七年三月に米国の漢文雑誌『中国之春』に「遊嵐山後記」という方の文章が載り、『中央公論』一九八七年八月号に邦訳が再掲された。一九八一～八二年の京都滞在中に周恩来の詩文碑をもとめて嵐山に行った時に観覧した美術館での中国侵略の展示に接して愕然とする。「こんな日本に周恩来は甘すぎる」とも読める文章なので、物議をかもしたようだ。

この文章には広島訪問記も付いている。「もし広島が近百年の戦禍の中で最大の受難の地で、最も同情に値する場所であるといい、揚句には平和のメッカ、人の道を愛する聖地というとしたら、私は断じて首を横に振らざるをえない。なぜなら、私は先ごろ重慶で日本の爆撃によって大勢の人が悶死した防空壕跡を、また南京でも中華門の上にいまだに目を引く弾痕を見たばかりであって、悲惨の程度、数量を問わず、中国こそが、真に近百年の戦争の最大の受難地であるからである。しかし、中国全土に一つの平和祈念堂もなく、一年一度の犠牲者を供養する国際会議もなく、霊を慰める常夜燈も、さらには常夜燈前の賽銭箱もない。まさか中国の犠牲者は供養を必要としないというのか、彼らの死ぬ前の悲惨なあがらいを訴える必要がないということか、私はどう答えていいかを知らず、いささか茫然となった」。彼の激しい一面がわかる。

周陪源の文化・科学政策での戦い

追悼文集の原稿を書いた頃に Danian Hu 著 "China and Albert Einstein" (Harvard University Press, 2005) で、中国学界での「改革開放」をめぐる政治闘争での周や方の活動を初めて知った。索引には私の名も登場する。

共産革命直後にソ連流の文化・科学が直輸入されてアインシュタインや膨張宇宙が哲学的に否定されていた。「反デューリング論」、「自然弁証法」、「唯物論と経験批判論」などからの片々たる引用を教条主義的に並べて党の哲学としていたのである。マルクス・エンゲルスの古典には、ハッとする鋭い批判精神に魅せられるが、護教の立場では思考停止の経典と化すのだ。

時代が下がるが、文革の終焉時に文化・科学政策の党指導部にいた幹部との周と方の闘いもこの本に精述されている。方は世界での相対論的宇宙物理学の急進展を摂取して研究論文を書き、党幹部の批判も並行して行なった。ここでは宇宙論はマルクス哲学で解明されるのではなく、地上の物理学で解明されるのだ、という主張をするのが政治闘争だったのである。

シニアな学者として指導層に影響を行使できる周は鄧小平にアインシュタイン生誕一〇〇年の記念行事を世界に先駆けて開くことが中国の開放政策を示すよい機会だと提案し、一九七九年の二月に、アインシュタイン生誕一〇〇年の一〇〇〇人規模の国内大集会を行った。これで文革後も残渣する研究界の停滞感を一掃し、中国科学界の雰囲気を変えたという。周はそこで、マッハとアインシュタンの関係についても丁寧に論じて支持を得たのだ。

だから、私がトリエステで出会ったアインシュタイン生誕一〇〇年会議への周が率いる中国代表団の参加はこうした戦いの勝利の証だったのである。さらにその余勢をかった上海でのMG会議開催だったのである。当時はそこまで認識していなかったが、自分の研究から始まった二人との交流や活動が中国の民主化の激流に寄与していたことを知って誇らしくおもう。

第10章　学校教育界と学問研究界　デューイからトランプまで

六〇年前教育実習にタイムスリップ

二〇一四年春、甲南大学を最後にオフィスのある勤めを退職したので、研究室に溜まっていたダンボール箱を整理した。大半は廃棄したのだが、それは今から六〇年近く前のこととの「再会」の機会でもあった。すっかり忘れていたこととの「再会」の一つに教員免許取得の件があった。「取得」のために京都市内の中学校で教育実習をした時のレポートが出てきた。レポート用紙五枚ほどに算数授業の反省などを万年筆で書いたものだが、名前がないから下書のようだ。実習校は市内中心部で、期間中に生徒が祇園祭の囃子の稽古に行った、といった朧げな記憶に繋がった。

今は研究に特化しているイメージの京都大学理学部だが、当時は教員免許を取得する学生はかなりの割合おり、私も大勢順応でそうしたのだ。理学部と文学部にはそんな雰囲気があったと思う。教員志望でもないが念のため取っておく気分である。ただ理科の免許には物化生地と四つの実験科目の単位が必要で、これはペーパー試験だけでは済まず、結構大変だった。地学実習では比叡山登り口で岩石をハンマーで叩いたりした記憶も蘇った。

「腰掛け」教員

後からみるとこの理学部や文学部の教員免許取得熱は、ストレートに学校教員志望ではなく、研究者志向を可能にするための経済的な方便という意味もあった。大学院に進学して博士号をとって大学教員になるまでの間の一時的な腰掛け、あるいは大学院修了後でも二股的に研究も続けられる保険的な職種というわけだ。またここ二〇年程は規制緩和が横行したが、当時は時間講師でも教員免許が必要だった。出身大学の研究室に出入りできる地域で教員勤務をしておれば、研究者と教員の二股稼業は、とくに文系や数学の実験でないところでは、可能だった。超関数理論を発表した当時の佐藤幹夫は高校数学教師だったという伝説は有名である。

私が一九六〇年に大学院で入った一〇名ほどの研究室の院生にも四名の高校の常勤教師経験者がおった。他の研究室でも似た状況で、週一回全員が集まる研究室会議や研究交換のコロキュームは土曜日午後に行うところが多かった。こうした光景はもっと昔の帝大時代にはなく、敗戦、復員学徒、社会混乱期、などの敗戦直後の特殊な時期の残り火的な残渣としてあったのかも知れない。

確かに、一九六〇年卒業の理学部同級生の進路を見ると電子工業、原子力、情報などの当時の「新」業種志向の会社に多く就職している。後からみれば、「工学部なら会社就職」、「理学部は高校教員」という旧いイメージからの転換点だったといえる。一九五〇年代中頃から、原子力だけでなくトランジスター、DNA、スプートニクなどが喧伝され、一九六〇年代には「理工ブーム」が世の常識となり、理学部を志向する学生の意識も大きく変貌していった。教職以外にも、自分の専門的勉学を活かす職業があるのだと考えるのが普通になったのだ。

私が山形県の田舎から京大を目指したのはこうした理工系ブーム以前のもので、「湯川ブーム」という個人崇拝的なものだったし、漫然と教員免許を取ったのも敗戦時の「残渣」のマインドだったのだと思う。しかし一九六〇年前後の「転換期」の中で、先輩に見かけた「腰掛け」教員もみな大学教員に転身し、研究室から「高校」の影はまもなく消えていった。もっとも文学部ではその後一〇年ぐらいは続いたのではないかと思う。そこで大学教師の採用数が増加するのは、後掲の図に見るように、「団塊の世代」といわれる世代が一九七〇年代に大学生の数を押し上げたからである。

高校全入と大学の高校化

掲載した図は高校と大学の進学率の推移である。新制高校は一九八〇年頃にはほぼ全入状態になった。そして大学への進学率は同じ頃に「新制」発足時の比率に達し、一九九〇年代にそれを突破して六割に迫っている。

一九五〇年から二一世紀初めまで、人口は〇・七八億人から一・二億人、第一次産業就業率は四八パーセントから五パーセント、第三次産業は二九パーセントから六四パーセント、高校進学は四二パーセントから九七パーセント、大学進学率は一〇パーセントから五一パーセント、平均寿命（男）は五〇歳から七八歳などなど、日本社会は激変した。一番大きな変動は、職の世襲を大きく支えていた農業が縮小し、職業の自由選択といえばかっこいいが、実態は職業の不安定化が始まったのだ。この社会変動は高校や大学にとっても全く新たな事態であった。

「研究者になる⁉」

今でも子供が「スター歌手になりたい」、「洋画家になりたい」と言い出したら親は当惑するだろう。趣味として歌唱や洋画を「したい」なら分かるが、食っていける職業への定番のコースがあるのか？　と。たぶん一九六〇年以前なら、大多数の家庭にとっては「研究者になりたい！」

も同じ当惑を引き起こしただろう。

　第二次世界大戦前までに有給のポストに就いた大学教授や官庁・大企業の技術専門職の大半は濃密な姻戚関係で繋がっていた。これは明治維新で廃業となった士族の子弟の多くが新職業としてこの道に入ったことに起点がある。さらに、武家社会は崩壊しても、しばらくは長年の世襲、家同士の婚姻、養子・婿入りなどを職業と結びつける慣行が続いたからである。

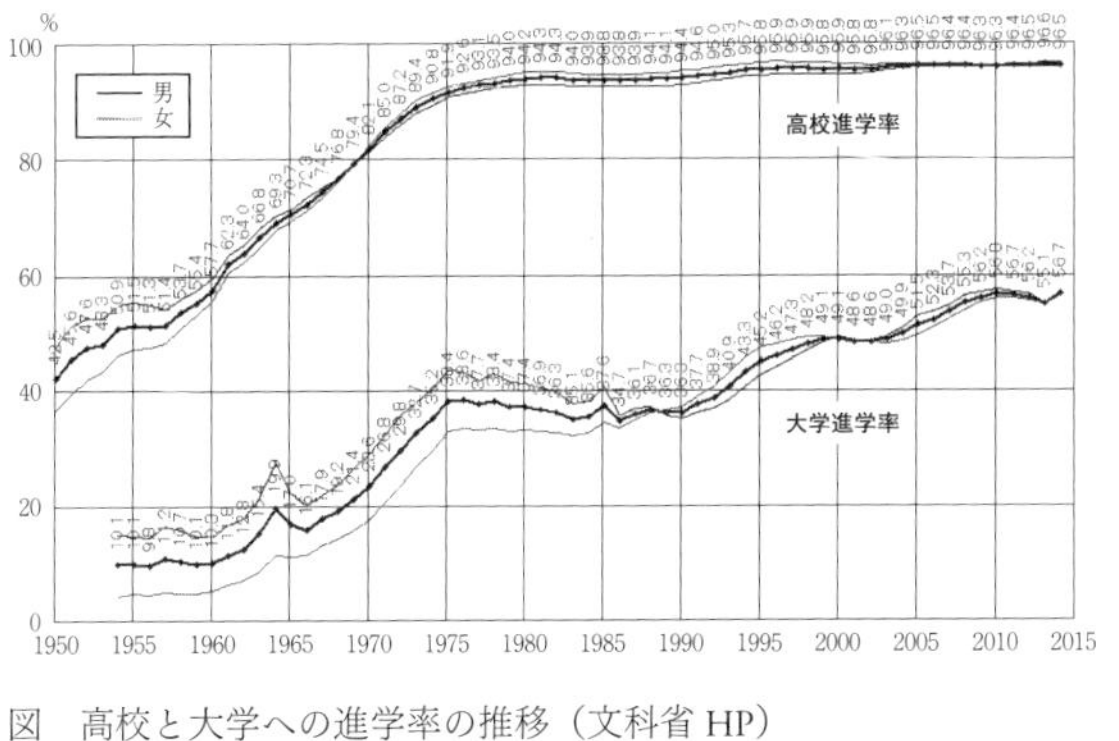

図　高校と大学への進学率の推移（文科省 HP）

　開国以来三世代目といえる湯川らの世代までの帝大学者の親戚的繋がりは夥しいものである。こういう、姉妹を接着剤にした家同士のネットワークが相互に就職を保障しあい、早期に学者への道を選択することを保障したのだ。専門家の育成には早期の職業の保障が必要だということへの現実的対応策でもあったのだ。

　敗戦の社会大激変の中の一コマとして、こういう学者「旧社会」も終焉した。そこに第一次世界大戦後の平等な国民意識や個人の解放といった風潮の変化で、家系や世襲と無関係に、自分の能力によって職業を志向する「昭和の子」（学徒動員世代）たちが登場していて、戦後に学者「旧社会」を塗り替えていったのだ。

大学院志願急増

戦後、特権階級に見えた戦前の学者「旧社会」が庶民にも開放されたことを知った団塊の世代を育てた親や教師たちは、理工ブームにも刺激されて「研究者になりたい！」と言い出す生徒たちに大学院が定番のコースだと勧めるようになった。これが本書第7章でふれた一九六〇年代末からの大学院志願者の急増に繋がり、それで急増した院生の就職期にあたる一九七〇～八〇年代にはＯＤ問題が深刻化して、ポストドック奨学金制度が創設されたのである（本書第7章の主題である今世紀にはいっての若年研究者の非正規職化の問題は、一九九〇年代後半の大学院組織の改変に伴うもので、また別である）。

高校の激変

冒頭に大学院生と高校教師の六〇年前の小景を述べたが、現在の高校の状況からは想像もできないことである。現在、教科の授業をすれば教師の義務を果たしたというマインドの「腰掛け」教員を常勤で抱えるのは不可能だろう。高校の現状は、学問世界の知識を伝授する従来型の授業と並び、あるいはそれ以上の大きなウェイトで、大人になるためのケアの一切を引き受ける施設に変貌しているからである。健康・体力から自己表現・協調・共感など、従来の伝統社会では親戚や地域や職場の共同体が担っていた「大人になる」転換期のケアの一切をこの「施設」が背負わされている。

伝統社会に埋め込まれていた「大人になる」ケア制度の存在を前提にした上で、そこで不可能な学問世界の知識伝授を追加的に行うのが従来の中等教育であった。そして、「知識伝授の追加」だけなら学問世界に近い大学院生や「腰掛け」教員は自信を持って教科授業ができ、それどころか「腰掛け」教員に学問世界のオーラを生徒が感じて緊張感をもたらす効果さえあったかもしれない。しかし生徒の大半にこうした精神性が存在しない現在の「全入」学校では夢物語である。

現在、平均的な多数の高校の教師の業務の中での従来型の学力伝授授業のウェイトをはるかに上まわるものとして管理事務・生活指導・学校行事・部活・就活・進学指導……があるのだといわれている。こうした中では常勤の「腰掛け」教員などは穀潰し以外の何者でもないだろう。

世間を跳ね返す前衛

「全入」で「ケア施設」化している現状であるが、選抜制の組み込まれた当初の中等教育には学問の伝授と職業の準備が期待されていた。後者は世襲や弟子入り制度の近代化であるが、前者は従来の儒学のように指導者になるための人間修養であった。この路線だと教員は権威であり生徒は被教育者である。それに反し「ケア施設」だと生徒は被教育者から主体的行動が期待される主人公となる。伝統的な大人になるケア機能では世代縦貫の構造が秩序を支えたが、単世代、通過型の学校制度ではこの秩序が不在で、その間隙をぬっていじめも多発する。大半の中等教育の学校は、伝統社会の崩壊が引き起こした事態の後始末を引き受けさせられているが、創設時の目的は全く別物だったのだ。

十九世紀、中央集権的に国民国家形成を行なったフランス、プロシャそれに日本でも、学校教育の「精神運動」は現存していた世の中を肯定せず、それを革新していく人材育成を学校は担っているという自負が教育界にはあったのである。だから、遅れている世の中に生きる準備などという顧慮の必要はなかった訳である。教員は遅れた世の中の全国津々浦々に築かれた橋頭堡の守り手であり、教員は世の中の革新者という攻めの意識を持っていた」、「明治期だけでなく、戦時体制構築の学校教育、大戦後の民主主義教育においても、日本の学校教育は明確な国家目標のもとでの人材育成の橋頭堡であった。内容的には行き過ぎ、虚偽の集団妄想、などなどの、手痛いしっぺ返しも歴史的には受けてきたが、ある時期までの長い間、学校教育は国家が運営する枢要な事業であるという認識が続いてきた。それは次世代の国家のための人材育成という世の中にとって枢要な事業であることを世の中が認識していたからである。個性ある人間とかではなく、「国家の人材」だから枢要な事業なのである。だから、世の中から一段高い位置を占めており、それは給与、恩給、公的顕彰、叙勲などの制度にも表れていた（拙著『科学と人間』青土社、第二章）。

前衛からサービス業に

ところが、「全入」は「選ばれた」自負を生徒から奪い、また共有される新たな国家目標が不明確になると、学校は「国民への改造」の司令塔の位置から転落した。世を未来に引っ張る前衛の位置から放擲され、社会変動で伝統的な姻戚や地域の関係が崩壊して放り出された子供達の「ケア施設」の役目のウェイトが増大した。こうして、世間は学校を仰ぎ見るのではなく、学校を評価する立場となり、主客が転倒した。学校は世間を指導する前衛から世の中のもろもろの要求に応えるサービス業となった。

途上国の学校は今でも国民を指導する立場にあるのかもしれないが、先進国の大半では国民国家形成時や大きな社会変動期に持っていた学校教育の輝きは失われている。しかし前衛意識が融解すれば、そこには主人公である生徒たちの多様さに根ざす要求の渦で焦点が絞れないカオスになる。抱える問題に寄り添う姿勢では社会の混乱の一切が学校に流れ込んでくる。学校から外に向かう流れができる高みを作れなければ、流れが内向きになるのは当然である。するとこの流れ込みの防波堤として官僚的、隠蔽的、退嬰的な隔離論が登場する。荒々しい現実から逃避するアジールの必要性はあるが、「全入」の組織をそれに重ねるのは適当ではない。現状を見ると想像もできないが、中間層を見据えた、新たな前衛としての位置づけが必要なのだと考える。

トランプ現象

欧州でも東洋でも、古来、文化や学問は政治権力と通じてその権威と生命を維持してきた。この例外が、伝統社会を抹殺して、移民で始まったアメリカである。建国の国父である独立から数代の大統領は欧州文化のジェントルマンたちだったが、彼らは欧州をモデルとした国民教育や専門家教育の制度建設にのりだすと、まだインディアンと戦って居住地をひろげている段階の多くの国民は階級社会の再来を予感して反発した。それが七代大統領ジャクソンを生み出したように、「無学問」を売り物にする大統領は史上しばしば現れている。「知性」が階級社会を想起させるのであろうか、二〇ドル札の肖像であるジャクソン人気は民衆の間で綿々と持続している。今回の大統領選挙でのトランプ現象も、「ラスト・ベルト」と「シリコン・バレー」の経済構造変動のせいだけでなく、「ジャクソニアン・デモクラシー」マグマの表出ともいえるのである。ホワイトハウス入りしたトランプは、早速、執務室にジャクソンの肖像を飾ったという。

反知性主義

平等主義は近づき難い知性に敵意をいだく。「反知性の立場はある架空の、まったく抽象的な敵意にもとづいている。知性は感情と対峙させられる。知性は温かい情緒とはどこか相容れないという理由からである。知性は人格と対峙させられる。知性とは単なる利発さのことであり、簡単に狡猾さや魔性に変わる、と広く信じられているからである。知性は実用性と対峙させられる。理論は実用と反対のものと考えられ、「純粋に」理論的な精神の持ち主はひどく軽蔑されるからである。知性は民主主義と対峙させられる。それが平等主義を無視する一種の差別だと感じられるからである。こうした敵意の妥当性が一旦認められると、知性を、ひいては知識人を弁護する立場は失われる。だれがわざわざ、情緒の温かみ、堅固な人格、実践能力、民主的感情を犠牲にする危険を冒してまで、せいぜい単に利口なだけ、最悪の場合は危険ですらあるタイプの人間に敬意を払うだろうか」（ホーフスタッター『アメリカの反知性主義』、田村哲夫訳、みすず書房）。

米国一九二〇年代ハイスクール

前掲のホーフスタッターの原著は一九六三年発行であり、一九五〇〜五三年に吹き荒れたマッカーシズムを歴史に遡って考察したものである。「福音主義」や「ビジネス主義」や「原始主義」

などに触れている点は森本あんり著『反知性主義――アメリカが生んだ「熱病」の正体』（新潮選書）と共通するが、ホーフスタッターはもう一つ中等教育をルーツに挙げている。確かにハイスクール・カルチャーというべきスポーツの学校対抗試合、チェアガール、クイーンコンテスト、ブラスバンド、ボランティアなどが校区コミュニティ形成とも絡んで活発化したのはアメリカ的現象であった。これは一九二〇年代に他国に先駆けて中等教育の進学率が急上昇したことで始まったようだ。第一次世界大戦の欧州激変に伴う移民増加とそれに警戒を抱く労組による若年者の就労反対があったという。どの先進国でも進学率はその後増加するが、独仏では従来の一般校の制度を維持した上で「増加」には職業学校で対応したが、アメリカでは「一般校」拡大で対応した。日本は欧州型を試みるが毎回アメリカ型に戻った。

こうしたアメリカに早期に誕生した「全入」的な一般校型のハイスクール運営の思想の中に「反知性」の芽が懐胎されていたとホーフスタッターは指摘するのである。さらにその推進者たちは当時の学校教育革新を実践していたデューイの思想を援用したというのである。確かに権威を重石にした従来型学校制度が進学率の増加で機能不全になると、そこに登場するには生徒の内なる能力を開花させるという教育思想である。互いに相容れないわけではないが、一方の重視は他方の軽視に繋がる。

冒頭に触れた教員免許のための教育学概論のような授業も受けたが、記憶に残るのは篸坂二夫がデューイという名前を何度も発していたことである。マルクス、サルトル全盛期には、逆に新鮮で記憶に残った。

プラグマティズムのデューイのユートピア思想は方法論の一つだった。彼は人間の経験の全ドラマを、克服しなければならない誤りの源泉と見ており、現在の事業を続けていくには過去の残滓を取り除く必要があるとした。「現在は、たんに過去の後に来るものではない……現在とは、背後に過去を置き去ろうとする生活そのものである」。「したがって過去の文化的産物を研究しても、現在を理解する助けにはならず……文化的産物は過去の生活の埋葬場にすぎない」。「こうした状況下では、文化は飾りや慰みもの、避難所や隠れ場になってしまう」。「かくして文化は変革する能力、すなわち現在を改良し未来を創造する能力を失う」。子供は「過去の重みから世界を解放する資質をみずからの内にもっている」（ホーフスタッター、前掲）。

ただしデューイはこの子どもの自発的衝動には限界があると何度も釘を刺したが、「推進者」たちはこの「衝動」に飛びつき、過去の文化とその飾り物にすぎない産物の地位は引き下げられ、自由な成長に向けて子どもを従来のくびきから解放する教育プログラムが生まれたのである。

デューイは過去の文化を建設的に利用できる方法は存在するのだと何回も声明を出し続けたが、

教育界には彼の理論を反知性主義的に濫用する風潮が定着したのだという。

大学入試と「高大接続」

研究に特化したような大学にいても高校教育に接するのが入学試験である。助手は監督だけだが、昇進するとすぐに入試問題づくりを経験させられ、教授になると科目全体の取りまとめ役が回ってきて、慌てて高校教科書をひっくり返すことになる。在任中に物理の問題作成にたぶん三回関わったが、これは多い方で、一、二回が平均だったと思う。問題作成には当時は学部だけでなく研究所などの教員も義務であった。例えば「物理」だと理学部物理だけでなく工学部の土木・電気・金属・機械などの学科の教員も加わった。「生物」だと理学部生物に医学部や農学部の関係の人が一緒に問題をつくるのだ。

京大在任終わりの頃、全国大学入試センターの物理問題作成に関わり、二年間、駒場の「センター」によく通った。二年目は、予定の人がどこかの学長に選ばれたとかで、急遽、「物理」の部会長だけでなく「センター」の上の方の委員も経験した。公立高校校長会や私立高校校長会の代表と「センター」幹部の話し合いの場にも出たが、流石、そういう「代表」の人は独自の職業意識に強い自負を持っている方々だった。そんな印象が残るのは、大学の人間には中等教育を専門教育の下請けのように見る意識もあったからである。とくに大学入試では大学側が高校側に注文を出す上から目線もあったと思う。

その時はじめて高校と大学の「接続」という単語を聞いた。対等の異質なものを結ぶ努力を双方がせねばならないという趣旨だったと思う。以来二〇年経ち今や「高大接続」は喫緊の課題である。少子化で進学者は大学定員を下回っており、多くの生徒は受験勉強をしなくなっている。二〇一三年末の中教審答申を受けセンター試験は廃止され、二〇二〇年前後から高校教育の達成度をチェックする基礎学力テストと大学進学のための学力評価テストが始まり、さらに、小中高校含め「アクティブラーニング」などからなる新概念の授業法を導入を打ち出した。

二〇二〇年改革への研究界の責任

「センター」後に、ある教科書会社の高校教科書の編者を経験した。「ゆとり路線」では理科の編成替えも試みられたが、「学力」低下の批判を受けて全て元に戻ってしまった。時代の変化に即した学科目なども必要であり残念だった。今度の「答申」は、「ゆとり路線」への批判に懲りてか、「生きる力」と「確かな学力」を二大目標に掲げつつ新教育法で活路を拓こうとしているように見える。しかし「学校は一定の強制力を持って、身につけるべき知識を身につけさせることに、基本的な存在意義があるといえる」（斎藤孝『新しい学力』、岩波新書）。こういう「方法としての学校」を民主主義に活かす知恵が問われているのである。当面の二〇二〇年改革は学校教育界のみならず大学教育界ひいては研究界にも突きつけられている大問題だと受け止めるべきだと考える。まさに教育は人類持続可能の要なのだから。

第11章　ソ連物理学の光芒　ランダウ＝リフシッツ

三〇年前に再開

一年ほど前に次の様なメールが舞い込んだ。

2016/03/20　5：00
佐藤様、私の友人が、モスクワ大学の壁にこんなサインを見つけました。ディラックやボーアもサインをしているそうです。１９５９年の日付があって、湯川さんの下に括弧をつけて佐藤さんの名前があります。１９５９年といえば佐藤さんはまだ学部生だったのではないかと思いますが、モスクワにいらしていたのでしょうか。
大栗博司

モスクワ大学物理学科の学部学生用の大きな階段教室で、一九八六年一〇月一三日四時半、大勢の学部生と構成員を前に講義をした。終わって、司会者から記念に黒板にサインして下さいと促されて沢山のサインが白墨で記されたサイドの黒板の一つの前に立った。これが「ディラックやボーアもサインをしている」黒板である。予め聞いておらず気が動転して頭が真っ白になったが、湯川秀樹の警句とサインが英語で書かれているのが目に入った。それで救われた気持ちで、その下に警句の意味を日本語で書き、サインした。湯川がこれをここで記したのが一九五九年なのである。この大栗のメールにはスマホで撮った写真も添付されていて、三〇年ぶりに再会した。

大物学者の痕跡を黒板に残す風習は世界を歩くとよく出会う。かくいう私も私も南部陽一郎の筆跡を残すのに貢献した経験がある。秋にノーベル賞受賞者となる二〇〇八年の春に甲南大学の私の研究室に南部がやって来られ、二人でフォノンは重力で落下するかを議論した。その時の数式がいっぱい書いてある白板を後日消して使う段になった時、ふと引っくり返してその面を消さずに裏面にして残しておいた。その秋のノーベル賞受賞後にこのことをあるエッセイに書いたら、出身地である福井県の教育委員会の目にとまり、いまは県の教育施設の記念コーナーにこの白板が展示されている。咄嗟に消さずに残したのはモスクワでの経験が無意識に残っていたからかも知れない。

科学技術の輝くソ連

話が逸れたが、今回のテーマはソ連物理学である。この時の訪ソを含め、「ソ連崩壊」まで三度ソ連を訪れたが、そのずっと前から私の中でソ連物理学は大きな存在だった。一九五六年大学入学という世代の理工志向の学生にとって、ソ連は科学技術面で輝ける存在であった。

日本だけでなく世界の度肝を抜いた原爆で世界中が米国の計り知れない科学技術力に驚嘆している間もなく、一九四九年、ソ連はすぐに実験場で核爆発を成功させ、一九五九年には兵器として配備した。

核兵器は原爆から巨大水爆に増強され、米ソの核爆発実験回数（一九五一～七一年米国地上実験二〇三／地下実験四四六、ソ連二一八／一一二、一九七一～八〇年米国〇／二〇七、ソ連〇／二三五）に見るように、その開発競争を互角に競った。実験回数は英仏中の実験を合計した回数の一〇倍近くにもなり、単に技術開発の必要性というよりは威力誇示のショーの様相さえ呈していた。この狂気に対して、一九五四年のビキニ環礁実験での被曝、一九五五年のラッセル・アインシュタイン声明、日本での原水爆禁止運動の始まりなどの警鐘の声が強まり、核兵器廃絶の声が大きくなるが、それまでは水爆の威力向上は科学技術力の競争のように受けとられていた。

そのうえに、ソ連は「スプートニク」（一九五七年）、「ガガーリン」（一九六一年）と、ソ連は宇宙開発では米国を完全に出し抜いた。「宇宙」も一九七〇年代には戦略核ミサイル体系と結びつくのだが、兵器そのものではない「宇宙」は人類の飛躍を象徴する明るい快挙でもあった。

この時期、スターリン死去（一九五三年）後の「雪解け」や平和共存を唱える政治的ムードも重なって、この宇宙開発における快挙はソ連の威信を世界に示し、民族独立する諸国家を東西の政治ブロックに呼び込む競争の中で、核兵器以上に効果的なまさに文化武器であった。

スプートニク・ショックで理工ブーム

この「スプートニク・ショック」を受けて、米国では学校教育から理工大学、政府研究機関までテコ入れがされ、理工系の教育と研究の業界はわが世の春を謳歌した。米国での物理博士取得数の異常な急増はその一面を示す（『科学者、あたりまえを疑う』第11章）。東西両陣営の威信競争が一大理工ブームをもたらしたのである。ケネディ大統領はNASAを創設して月に人間を送り込むアポロ計画（一九六一〜七二年）を指令し、一九六九年には成就したが、泥沼化するベトナム戦争は高揚感に水をかけるものであった。

ナチスドイツでのロケット開発の成果を米ソ両陣営が取り込んで始まったこの発展は通信や測位（GPS）の民生技術の革新をもたらしただけでなく、地球や宇宙の基礎学問をも革新した。原爆で覚醒した「原子力」の夢に魅せられて歩みだした少年たちの目の前にもう一つ「宇宙」という力強い夢が登場したのである。私が研究者として教育を受けまた後に教授もつとめた京大の研究室は「天体核」と呼ばれていたが、まさにこの二つに絡む目論みであった。

ソ連学術雑誌の翻訳版

一九六〇年四月に大学院に入って物理学を目指した学生にとって、基礎物理学の面でも、ソ連科学は西側ブロックと対等に競い合っているように見えた。原子力から核融合、スペース科学から宇宙物理、プラズマ物理から場の理論や一般相対論などと、私は分野をフラフラしたが、いずれの分野でもソ連科学が研究を引っ張っているのを感じた。一九七一年の『岩波理化学辞典』第三版から項目名の英独仏訳に露語が加わったのもその証だろう。

こうした認識は米国でも痛切なものであり、物理学や天文学のソ連の学術雑誌を直ちに英訳して西側世界に販売する出版業が大繁盛した。私も目を通すものだけで、四、五種類あった。当時は各国の学会発行の雑誌が主流の時代で、それらに比べるとこの翻訳雑誌は高価であったが、研究大学には必須のものだった。一九七〇年代後半から、ソ連の研究者とも話す機会があったが、彼らは翻訳雑誌の商売が続いていることはソ連の科学研究が世界をリードしている証だと言っていたが、その通りだと思う。

似たような話は一九八〇年代、日本の半導体ハイテクが世界を席巻して、「基礎科学タダ乗り論」の日米貿易摩擦の時期、米国の研究開発の現場では日本企業の会社紀要のような日本語の公表誌をせっせと翻訳して販売するビジネスがあったらしい。当時も基礎研究の大学人は読んでいただくために馴れぬ英文で論文を書いたが、ある時期のソ連科学や日本ハイテクの開発では、自国語で発表しても世界が金をかけて翻訳した文書が必見の時期があったのである。もっとも、ソ連翻訳雑誌も日本企業の翻訳紀要も姿を消して久しい。ソ連翻訳誌は「崩壊」のしばらく前から勢いを失い、姿を消したが、それは東側の研究者も欧米の雑誌に投稿できるようになったことも一因である。

「ランダウ－リフシッツ」

個人的な話になるが、私は大学教養部の語学でロシア語を履修して単位もとった。先述のようなソ連科学の輝きもあるが、外国の本を読んでみたいという熱望もあった。物理の標準的な欧米本は海賊版で安価に手に入ったが、それ以外は個人では買えない高価なものだった。当時、京大に隣接した百万遍交差点を少し上がった所に「ナウカ」という本屋があり、そこのロシア語本は手が出る価格だった。

物理の学習を始めると直ぐに「ランダウ－リフシッツ」という「ソ連」があった。原子物理学についてはフェルミの翻訳本と古本で買ったボルンの"Atomic Physics"を英語で読んで自信がついたが、理論物理への開眼となったのはランダウ－リフシッツの『統計物理学』（岩波書店）と『場の古典論』（東京図書）の新鮮な魅力であった。ランダウ－リフシッツ教科書教程の評判は世界的なもので、ロシア語から英語への翻訳本を出した英国の出版社は経営的にも大成功だったらしい。図書室や研究室に備えておく参考本ではなく、学生個人が勉強用に購入する教科書だから、桁の違う数が出た。一九七〇年代になって海外の研究者とも交流するようになると、我々の世代の世界の物理学者はランダウ－リフシッツで結ばれている実感がした。

ソ連のノーベル賞

この教科書教程ブームをダメ押しする形で、ランダウが一九六二年のノーベル物理学賞を受賞した。しかしランダウはこの年の自動車事故で重傷を負い、回復せず一九六八年に死亡する悲劇があった。ソ連のノーベル賞はこれが初めてではなく、自然科学では医学生理学一九〇四年パブロフ、一九〇八年メチニコフ、化学賞一九五六年セミリョーノフ、物理学一九五八年チェレンコフ、フランクリン、タムが受賞している。その後も理系では、一九六二年ランダウ、一九六四年バゾフ、ポロホロフ、一九七八年カピッツア、二〇〇〇年アルフェロフ、二〇〇三年アブリソコフ、ギンツブルグ、二〇一〇年ガイム、ノボセロが受賞している。パブロフとメチニコフは帝政ロシア、またガイムとノボセロは崩壊後の「流出組」で英国での成果だが、ソ連仕込みの学者である。ちなみに文学賞は一九三三年ブーニン、一九五八年パステルナーク、一九六五年ショーロホフ、一九七〇年ソルジェニーツィン、二〇一五年アレクシェービッチ、平和賞は一九七五年物理学者のサハロフが受賞している。こうしてみると結構多いが、ソ連体制への抗議も込められている。また一九六四年のレーザー、京都賞（稲盛財団）も受賞している二〇〇〇年の半導体エレクトロニクスはハイテクの基礎であるにもかかわらず、ソ連がその成果を社会的応用につなげられなかったのは皮肉である。

「物理学教程」

世界中の学生を魅了したこの教科書教程は全てリフシッツの執筆だという。ランダウは天才肌の人で、多くの逸話がある。その着想をリフシッツがペダゴロジカル（教育）に体系化して提示したのだ。教科書とはいえ、場の量子論から流体力学まで執筆できる物理学者はもういない。同世代のフェルミの講義ノート計画は急逝で中断し、ファインマン講義録はイメージを重視した初等物理だ。この物理学教程はよりアドバンスで、随所にオリジナルな研究もやって〝鼻筋の通った〟体系を構築した。

湯川世代はプランクの教科書教程で学んだが、この時期を少し遡ると、電磁気学でもまだケルビン流、ストークス流と、あたかも「ヘーゲルによれば……」のような哲学の学説風だった。これがプランク以後には「自然が語るには……」というように、流派でなく普遍的なものだという観念に移行した。不偏不党イメージの物理学の完成だった。

リフシッツを日本に招待

リフシッツを国際会議で初めて知ったのは一九七五年かもしれない。当時、理論なら〝何でも屋〟の彼は非等方による膨張宇宙解のカオス的振る舞いの研究に集中していた。一九八〇年代にかけてソ連の開放政策で学者が欧米に出られるようになったが、亡命を心配し家族の随行は許されなかった。彼は翻訳本の収入があり、英国に預金口座をもっていたため外貨も保持していて金銭的には問題なかった。心臓のバイパス手術をロンドンで受けた時は家族がロンドンまで来たと聞いた。なんでも翻訳出版社のオーナーがソ連政府筋に渡りをつけたと。私は早速日本にリフシッツ夫妻を招待することにした。イタリアで会った時に彼は「結果は予想できないがともかく妻と一緒に行けるよう申請してくれ」と強く希望した。申請は許可された。

一九八四年春のリフシッツ来日は彼らの教科書の学徒がまだ多い時代だったから多方面から歓迎され、多くの愛読者が彼の精力的な講義に接した。「海に行きたい」と言われたので伊勢志摩に我々夫婦と一緒に旅行した。前後は雨だったが、その日は快晴で、モーターボートで島巡りをした時、リフシッツは「ソ連時代に極東の軍の慰問講演旅行でいわゆる北方諸島まで来たことがあり、船上から北海道を見たことがあった。しかし、その時は日本の土地が踏めるとは想像もしなかった」と感激して涙ぐまれた。全く論理的ではないのだが、私も親孝行したような気分でジーンときた。残念ながら翌年一〇月にリフシッツは心臓麻痺で亡くなられた。

一九八六年の訪ソ

初の訪ソはモスクワの原子核研究所に滞在する招待だった。アエロフロートの航空券を送ってきた。機体も空港も見慣れた西欧のものと比べると貧弱で体制の疲労を感じさせた。空港から古風なクレムリンや巨大な議会などの建築群のある中心部に入ると、さすが大国の首都だと感じた。滞在は一一階建てのアカデミーの宿泊所で、内装は貧弱だが、キッチン付きの部屋で、五階にビュッフェ、一階のレストランには毎晩楽団が入って、生演奏が始まると中年の男女がダンスをし出すのは、ワルシャワで見た光景を思い出させた。テレビは白黒で、タヴァリシ・ゴルバチョフ、シュバルナゼを頻繁に画面に見た。宿泊所は中心部に近くメトロも便利なところで、すぐ一人で動けるようになった。前年にソウルの地下鉄でハングルに戸惑ったのと違って、キリル文字が一応読めることが役立った。

研究所はボゴリボフが基礎を築いた加速器などを有する東欧連合のものである。実験施設は郊外だが「理論物理部」は都心に近い改装中の本部の建物にあった。社会主義国での二週間近い滞在であり、珍しく簡単な「日記」が残っていたので、その一部を簡潔に再現しておく。

「モスクワ日記」抜粋

第一週は Kuzmin の研究室の面々と顔合わせ、その週末は連休で若い研究者と運転手付きの研究所の車で郊外の寺院群などの観光。中心の hotel National で食事、レーニンゆかりの古いホテル。

10／7（火）　この日はフリーで、ゴーリキー公園、クリャチ公園、クレムリン、マルクス広場、ジュルジンスキー通り、10月25日通りなど一人で中心部を歩く。ホテル National で昼食、4時過ぎに帰る。のんびりした日。

10／8（水）　朝食のビュッフェで日本からの化学者に会う。玄関口で研究所の迎えの車をセルンから来た Ellis らと一緒に待つ。Kuzmin の部屋で shell の議論継続。午後、Rubakov が迎えに来て Ellis のセミナー。Tkachev と Nicolai ら四人で遅い昼食。レコード店に寄り、夜は宿舎でビールとワイン。

10／9（木）　午前、shell と string で Tkachev と議論。その後インツーリストホテルで10日のバレー観劇のチケット手にいれる。日本大使館より電話、西島京大総長と食事することに。この日のモスクワ大学学長会見で私の滞在を知ったという。アメリカ経営の International hotel で。日本人多し。ジプシーのおどりあり。11時頃大使館員の車で宿舎へ。雪景色が印象的。

10／10（金）　午前、Tkachev と Nicolei と string で議論。ずいぶん熱心。12時過ぎ、所長 Matveev とモスクワ大学学長室へ。快晴、1時過ぎまでホールなど見学後、Logonov 学長と会う。専門の相対論の話も。その後、隣の部屋で3人で食事。周囲に2、3人の給仕。3時頃まで。一度研究所に帰ってから宿舎へ。6時過ぎにメトロでクレムリン横のホールでバレー観劇、演し物は「ジゼル」、第一幕は豪華、第二幕は幻想的、〝ユーロッパ〟の印象。

10／11（土）自分のセミナー。Rubakov がのべつ質問で、少し長くなるが、後半はクイックに。まあ平均点。その後、Lifshitz 宅訪問、よきソ連時代の象徴。ニーナ元気、ご馳走になって帰る。日本での印象よりしっかりした感じ。

10／12（日）プーシキン美術館、パスポートを見せると並ばなくてもよいと聞いていたが早めにいって列に並ぶ。9時45分まで30分ほど並ぶ。小雪まじり。特別展示をみてから常設展、セザンヌ、マチス、……は立派。なぜイタリアの彫刻がこんなに沢山あるのか驚く。ホテル・ロシアまで行ってベリョースカ。今日もレーニン廟に長い列。ショッピング後、少し街を歩いて、メトロで帰る。ビュッフェで魚。ダラダラと寝る。

10／13（月）小雪舞う。窓の前の木の葉も落ちて、新しい光景。午前、Jacob のセミナー。その後、議論聞いてる。3時頃、Brezin, Tkachev と hotel international で昼食。4時半、Moscow 大学物理学科の大講義室で講演。満杯の人。今日はうまくいった。黒板に大物のサイン、私もかく。研究所より大学の方がソ連的。

10／14（火）Lebedev 研究所を訪問。工場のように大きい。Frolov ＋3と議論。1時半まで。

同行してくれたBrezinの用事である店によった後にレコードショップに。一旦帰って一人でメトロでカリーニスカヤ通りの大きな本屋やお店。貰ったルーブルを使いきり、肩から荷が下りた感じ。

「フリードマン生誕一〇〇年会議」

一九八八年三月、ソ連アカデミーからレニングラードでの「フリードマン生誕一〇〇年会議」の招待状がテレックスで飛び込んだ。生誕記念行事は時間の余裕をもって準備されるのが普通だが、この時は一通の印刷物も来ず、六月の会議まで全てテレックスだけだった。会議の海外の招待者はホーキングはじめ十数名、あとはソ連の学者一五〇名ぐらい。ホーキングの車椅子を赤軍が出動してホテルに運び込んだといった噂も聞いた。初日の半日分が記念式典、あと三日間は宇宙論・相対論シンポ、残り半日が気象学だった。フリードマンは革命直後の〝開放的な〟二〇年代に、人民国家建設に燃えて気象行政の基礎づくりと人材養成に奮闘する中で急死したのである。この国家的功績は気象分野のアカデミーの「フリードマン賞」としてソ連時代から顕彰されていたが、彼の宇宙論の業績は国内では忘れられていた。

フリードマン（一八八八～一九二五）は一般相対論が膨張宇宙を導くことを世界で初めて数学的に明らかにしたが、その直後に三七歳で急死し、そのすぐ後のスターリン時代・第二次世界大戦の激動の中で、国内では忘れられた。我々の世代には翻訳本が出たスミルノフの数理物理の教科書が有名だったが、このスミルノフはフリードマンの同級生で友人だったようだ。会議中に墓参りもあったが、墓はこれに合わせて探されたもので、完全に草に埋もれていたという。

会議の時期はまさにペレストロイカが叫ばれるソ連終末期だった。開催経過の異様な慌ただしさもそれを反映していた。初日にあの伝説のサハロフが壇上で講演するハプニングには、期待して参加していた西側の参加者からは大きな拍手が送られた。一九八六年に拘束が解かれモスクワに帰ったことは報道されていたが、この会議を国際社会へのメッセージにしたようだ。私もソ連メディアのインタビューを受け、一般向け科学雑誌『プリローダ』の掲載誌を帰ってから受け取った。ソ連が国際学界に開かれていることを伝えようとする内容だった。

ソ連の理論物理

先の国際会議の話は急に起こって三ヶ月で全部終わる慌ただしさだったが、もっと前からこの秋は妻と一緒にモスクワとレニングラードを訪問する計画を準備していた。リフシッツ招待の返礼ということもあってか、ランダウ理論物理研究所のハラトニコフ所長から招待を受けていた。家族同行でもあったから懇ろなおもてなしであった。

その話は別にして、ここではソ連の理論物理学界私見を記しておく。ランダウ、リフシッツやノーベル賞受賞者以外でも、ホック、フリードマン、ガモフ、ボゴリボフといった名を発しながら専門家になったが、ホックのレガシーか量子場の理論は強く、大学院M1ではボゴリボフ・シルコフ本でゼミだったし、物性の場の理論でも翻訳が出たアブリソコフ本が定本になっていった。相対論的宇宙物理では、セミリョーノフの弟子として爆発現象の専門家であったゼルドビッチのグループに勢いがあり、私が審査委員長を務めた二〇一一年の京都賞は彼の弟子のスニューヤエフに授与された。またインフレーション説への国際賞がグース、リンデに並び最近はスタロビンスキー、ムカノフが加わっているが、これら四人のうちの三人の成果はソ連時代の研究である。

復興と生きた文化

「フリードマンの時代以後、学界でもレニングラードの地盤低下は進む一方だったように思う。初日にターニャに連れていかれたピスカリヨフ墓地（レニングラード攻防戦の記念墓地）でみたように、第二次世界大戦でこの町が蒙った被害は甚大なものであり、この復興に要したエネルギーはこの町の文化的発展をとどこおらせたのだろうか。以前、ワルシャワを訪れた時に廃墟と化した街並を復元したのに感心はしたが、それに注ぎ込んだエネルギーはやはり何らかの負の後遺症を文化的にも残したのでないかと思った。文化とは生きているものであり、「復元」だけが文化ではないのだから。

会議にカナダからきている学者の奥さんは、ドストエフスキーの『罪と罰』を抱えてネフスキー大通り周辺を終日あるきまわり、昔の通りがそのまま残っているといって興奮していた。

会議期間中、モスクワのボリショイと競うキーロフバレー団「ロミオとジュリエット」を鑑賞した。観光では古いものだけを見物するのは当然だけれも、レニングラードといっても我々はほとんどペテルブルクやペトログラードを見物しているのである。この町に漂う哀愁はこうした事情を反映してのものかも知れない」（拙稿「フリードマン生誕百年国際会議」『へるめす』（岩波書店）、一九八九年一一月）。

あれから三〇年、もうレニングラードという都市名も消滅したが、人間の寿命なみの時間であったことになる。七〇年間の「ソ連」という社会実験の検証は孤立したシステムでないから難しい課題だが、研究の同僚たちは夏にはダーチャで過ごすなど、日本の我々も羨むような面もあった。通貨の換算では推し測れない生活の豊かさを考えさせられたものである。

第12章 「国民国家」と科学 世界遺産・ニホニウム・単位名

「湯川－朝永生誕一〇〇年記念」事業

かつて湯川秀樹と朝永振一郎の生誕一〇〇年を記念する行事に、私は湯川記念財団理事長として主体的に取り組んだ。三高と京大で同級生の二人を、一体として顕彰するため、大阪大、筑波大、理研、仁科記念財団をまわって了解を得た。各大学からの参加も得て展示物を製作し、国立科学博物館を皮切りに、筑波大、大阪大、広島大、宮崎市、九州大、北海道大、新潟大、金沢大、京都大、光科学館（木津川市）で企画展を開催し、好評を博した。さらに、二〇〇六年から二〇〇七年にかけて、いくつかの大学が主催して記念のイベントも行われた。

ユネスコ松浦事務局長

京都大学の記念式典は湯川の誕生日に合わせて二〇〇七年一月二三日に行われた。総長の挨拶などのほか、京大出身のノーベル賞受賞者の野依良二とユネスコ事務局長の松浦晃一郎の記念講演がセットされた。素粒子物理学で日本人がノーベル賞を受賞するのは翌年秋のことで、この式典には間に合わなかった。化学者だが、野依の両親は湯川と無縁でもなかった。終戦まもない時期に輝いた湯川が京大や日本の科学に与えたインパクトを語る人物として彼は相応しい。

もう一人の講演者は「なぜ、松浦？」と訝るかもしれない。実は、二〇〇五年はユネスコが国連総会に提案した国際物理年であったが、その中でユネスコは「ユカワ・メダル」を製作し、二〇〇七年の湯川生誕一〇〇年を祝福する決議をした。この顕彰メダルは、物理学者ではアインシュタイン、マリー・キュリー、ボーアに次いで四人目だという。湯川の家族への伝達があり、松浦氏が京都に来られるのに合わせて式典でも披露して頂くことになったのである。

式典当日、壇上にのぼる人の打ち合わせを兼ねて控え室で昼食会があった。ところが、隣の松浦席が空席なので、心配になり「来てる？」と係の人に訊ねると、「来られています。別室で、自治体の人の陳情を受けています」という答えであった。「ユネスコに陳情?!」と、私は一瞬奇妙な当惑に襲われたが、式典開始の慌ただしさにかき消された。遅刻なく松浦も席につき、その日のイベントは滞りなく終了した。

ユネスコ、平和から観光？

しばらくして、あの「奇妙な当惑」を反復して、これは私の世代の人間がもつ教育文化平和のユネスコ像からくる違和感であるのに気づいた。いまなら、観光のテコ入れにもなるユネスコの世界遺産指定が自治体の課題であることはみな認識している。審査は専門家があたるとしても、数多くの案件を決定のプロセスに乗せる采配の責にある人間に、地元の熱意を直接伝える「陳情」も理解できる。

この年七月には「石見銀山」が世界文化遺産の指定を受けた。日本の世界文化遺産指定は、一九九三年の法隆寺から始まって姫路城、日光などと続いた。これらはもともと日本でもメジャーなところだが、〝意外な〟「石見銀山」選定は、新たな基準での世界デビューの可能性を最初に認識させた。関係者には予定は知られていて、次の座をめぐる蠢きが始まっていたのかもしれない。

「輝くユネスコ」

戦争の悲劇を繰り返さないとの理念で一九四五年に国連関連組織と設立され、ユネスコ憲章の前文には「戦争は人の心の中で生まれるものであるから、人の心の中に平和の砦を築かなければならない」とある。敗戦後、日本が国際組織に加入していくのは希望の証であった。国連加盟に五年先だつユネスコ加盟は、当時の子どもにも明るい話題として私の心に残った。「単独講和」か「全面講和」の対立を押し切っての国連加盟と違って、ユネスコ加盟は、右も左もなく、みんなの慶事だった。ともかく、ユネスコは国連の政治的対立を超越した存在と思われた。

敗戦直後、GHQの肩越しに輝く「世界」に繋ぐのがユネスコであったが、独立後には急速に存在感を失ったように思う。以来、長い中断を経て、ここ一〇年ほど、日本では世界観光のブランディング機関としてユネスコは、非政治的に、大きな存在に復活している。

パレスチナのユネスコ加盟に抗議して、二〇一一年、米国は供出金を停止した。それに先立つ一九八四年から二〇〇三年まで米国はユネスコを脱退していた。一部期間は英国も同調するなど、政治の渦中にユネスコがまきこまれたこともあるのだ。こうした出来事の発端は一九八〇年代になると、アフリカ新国家の増加よってセネガル出身の事務局長がユネスコに登場したことと関わっている。彼は、米ソ対立を利用して力を増し、報道の新国際秩序の提案に動いたので、米英はこれに抗議して脱退したのだ。留まった日本は、米英が復帰するまでの間、全体の四分の一を担う最大の拠出金国であった。松浦事務局長時代（一九九九〜二〇〇九）に米英の復帰に成功した。

二〇一六年秋、中国にある文書が南京虐殺の世界記憶遺産に指定されたというニュースには、自民党幹部が「ユネスコへの供出金停止」と発言して不快感を表明した。軽率な発言とは思うが、このニュースをきっかけにこうした遺産「選定」を行なっている仕組みに目が行ったのは有益であった。学問の国際化が問われているように思う。

ニホニウム

いったん話題は飛ぶが、二〇一五年末、元素周期表に、日本が初めて命名権を獲得し、翌年六月には一一三番目の元素はニホニウムに決まったと、科学報道としては破格の大きさで報じられた。一般の人には理工的な意義は分からないかもしれないが、世界デビューに誇らしさを感じた人も多いはずだ。本邦初だと大騒ぎだが、元素数はすでに一一八個あり、今回も四つの元素が追加され、その他三つの、ニホニウムの由来となっている「日本」にあたる元素名の由来は、それぞれロシア提案のモスクワ（モスコビウム）、オガネシアン（オガネソン、ロシア人名）と米国提案のテネシー州（テネシン）であることは全く触れられなかった。

自然に豊富に存在する元素名は日常言語の中にあったが、人工的な超ウラン元素の名にはキュリー、アインシュタイン、フェルミ、ローレンス、ラザフォード、ボーア、マイトナー、シーボーグ、フローロフ、オガネシアンの放射線関係の科学者名が使われ、さらにはコペルニクス、メンデレーエフ、レントゲン、ノーベルの名もある。さらに、ヘッセン州、ダルムシュタット、ドブナ、カリフォルニア、バークレー、リバモアという実験所に因む地名もある。発見数はアメリカが圧倒的に多く、次にロシアとドイツ、それにスイス、スウェーデン、日本が加わる。ウランまでの元素名には欧州の地名（ヨーロッパ、スカンジナビア、フランス、ゲルマン、ライン河、コペンハーゲン、イッテルビー、ガリア、ポーランド等）がしっかり組み込まれている。一一八個の名前にやっと一つ入ったことが大ニュースになることに、近代科学発達の我彼の時差を痛感させる。

表1には、高校の理科にも登場する単位名を記した。カタカナ語なので日頃意識しないが、これらは人名である。日本がサイエンス先進国であったなら、「一・五ボルト電池の両端を抵抗一・五オームの電線で結べば一アンペアの電流が流れ、一・五ワットで熱が発生し、二〇秒間で三〇ジュールの熱量を発生する」ではなく、「一・五タカハシ電池の両端を抵抗一・五サトウの電線で結べば一スズキの電流が流れ、一・五ヤマダの熱が発生し、二〇秒間で三〇イノウエの熱量を発生する」となっていたのだという想像力が必要である。

お墨付きを与える国際組織

「大騒ぎの元素ニュース」で見落とされていたのは、ユネスコでも関心を集めつつある、命名権や最終決定をする国際組織の正体である。ユネスコの案件と違って、自然科学ではお墨付きを与える行為自体は誰がやっても結論が変わらないイメージがある為に、そこには興味がいかないのかも知れない。しかし、実態はそれほど自明ではないようだ。「確認」は客観的でも、いくつかのグループの実験の積み上げでの確認だから、先取権や貢献度をどう案配するかは自明ではない。

新元素を周期表に加える手順は次のようである。まず、国際純正・応用化学連合（ＩＵＰＡＣ）

事　　象	単位名・人名（生没年）	出身・活躍国
温　　度	セルシウス（1701–1744）	スウェーデン
絶対温度	ケルビン（1824–1907）	英
力	ニュートン（1643–1727）	英
圧　　力	パスカル（1623–1662）	仏
エネルギー	ジュール（1818–1889）	英
仕 事 率	ワット（1736–1819）	英
静 電 荷	クーロン（1736–1806）	仏
電　　圧	ボルト（1745–1827）	イタリア
電　　流	アンペア（1775–1836）	仏
電気容量	ファラッド（ファラデー 1791–1867）	英
電気抵抗	オーム（1789–1854）	独
コンダクタンス	ジーメンス（1816–1892）	独
インダクタンス	ヘンリー（1797–1878）	米
磁　　束	ウェーバー（1804–1891）	独
周 波 数	ヘルツ（1857–1894）	独
磁束密度	テスラ（1856–1943）	米、クロアチア
放 射 能	ベクレル（1852–1908）	仏
線量当量	シーベルト（1896–1966）	スウェーデン
音　　量	ベル（1847–1922）	米

表1　理化学の基礎的な単位

と国際純正・応用物理連合（ＩＵＰＡＰ）が共同で設置する合同調査委員会が、発見の優先権を判定し、その後の対応はＩＵＰＡＣ無機化学部門に委ねられる。発見者に優先権判定の結果を通知し、名前と記号の提案を依頼し、提案を審議し、代替案を求めることもある。承認された最終案は、ＩＵＰＡＣ総会の採択を経て正式に決定される。以前はもっと大らかであったが、ここ十数年、国際的プレゼンスが絡む希少資源なので、命名権の競争が激化し、決定過程も注目されるようになった。

第一次世界大戦後の国際学会組織

科学の発見や発明の認定は、議決でなく、専門家集団の検証や追試を経て、〝評判として〟自然に固まっていく。しかし、用語や単位については統一が必要であり、国際度量局（ＢＩＰＭ）によるメートル法の度量衡基準づくりから始まり、電磁気単位、緯度経度、国際時、測地学、地磁気、電波行政などに広がっている。例えば、通信ビジネスと電波天文学が同じテーブルについた使用周波数の調整は必須になっている。

現在、こうした課題は国際学術連合（ＩＣＳＵ）の専門ごとの部門で扱われている。「元素」認定のＩＵＰＡＣもこの一部門である。各国の団体を国際的に繋ぐこうした組織は、第一次世界大戦後の国際連盟の結成と同期している。物理学、化学、数学、天文学といった学問ごと、そしてまた、国別の学会が加盟する姿は、国民国家の装置としての学問の位置付けでもあった。

国家とサイエンス

一九世紀後半の国民国家の形成前では、サイエンスの普遍主義もあり、学者の国家意識は希薄であった。しかし、普仏戦争のあたりで科学が国力の一部と認識されると、学者の国家意識が高まった。パスツールは「科学に国境はないが、科学者には国境がある」と、バーゼル大学の名誉学位を返上したという。国家ごとに専門家が集まって、研究発表集会や定期刊行誌発行を行って、切磋琢磨する姿が生まれたのである。

第一次世界大戦後の時期はまさに機運が熟していたのである。ICSUは、この国別の職能集団の国際組織化であった。組織名に「純正・応用」の純正（純粋 pure）という、今では馴染みない言葉が使用された当時の時代思潮については以前（『科学者には世界がこう見える』第12章）に書いたことがある。

IUPAP

「元素」認定にも登場するIUPAPという組織の委員に名を連ね、一九九六〜九九年には、執行委員として、ウプサラ、パリ、バンクーバ、アトランタであった、二回の総会と三回の委員会に出席した経験があるので、実態を紹介しよう。

表2は加入国の推移だが、様々なことを語っている。結成時のメンバーには確かに近代科学ゆかりの国名が並ぶ。米国、日本、メキシコ、カナダ、南ア、オーストラリアが欧州以外だが、上記六か国のうち後の三か国はこの当時は未だ大英帝国の一部だ。この時代、日本の学会は一八七七年結成の日本数物学会という数学と物理学の合同のものがあるだけで、分離独立したのは一九四五年である。欧文の論文雑誌を定期刊行している必要条件を満たすが、日本の物理学が他の「老舗」国とすでに同レベルにあった証というよりは、当時の日本に横溢していた国際主義、外向き志向、大正ハイカラという時代雰囲気と連動していたと見られる。

何しろ、日本は仏英米と肩をならべる第一次世界大戦の戦勝国で、国際連盟結成などの戦後秩序を主導した国家なのである。学術だけでなく司法や通商の国際組織創設でも日本は主導的に動いた。現在の国連の常任理事国のような、主役の立場にあったのだが、その後の「昭和反動」にかき消されている。

国際人・新渡戸稲造

実際、国際連盟初代の副事務局長として新渡戸稲造（一八六二～一九三三）がジュネーブで活躍した。彼の主導で、国際知的協力委員会を招集、そこにはベルグソンを議長に、キュリー、アインシュタイン、ローレンツ、ギルバート・マレー（英、古典文学）、ミリカンらの碩学が列席した。

彼が、一時期（一九八四〜二〇〇七年）、五〇〇〇円紙幣の肖像であったように、高い評価もあった。これが"Japan as No. 1"に駆け上がる自信に溢れた時期と一致し、そうした雰囲気は自信喪失の「失われた二〇年」の〝内向き〟時代で消えたように思える。

新渡戸が主導した「国際知的協力委員会」に話を戻すと、国際大学、学者のビザ、気象用語の統一、など科学の国際化をスムーズにするいろいろなアイディアが出たが、政治環境の激動もあって、一九三〇年頃には自然消滅した。しかし、UNESCOの活動に引き継がれたという。一〇年ほどした一九三五年に日本は、中国侵略での国際的批判を受けて、松岡洋右外相が国際連盟脱退演説して以後、戦争への道にのめり込んだのである。近年の〝内向き〟日本の論調の中で、この国際主義の時代を語ることの重要性を指摘したい。

第一回総会時（1923）ベルギー、オーストラリア、カナダ、デンマーク、フランス、イタリア、日本、メキシコ、オランダ、ポーランド、南ア、スペイン、スイス、英国、米国、（チェコ、スロバキア　一旦消滅後1993年再加盟）
1934年：中華（台湾）
1945–59年：エジプト、フィンランド、ハンガリー、インド、ブラジル、イスラエル、NZ、ドイツ（1954）、アルゼンチン、オーストリア、ロシア（1957）、ブルガリア、オーストリア
1960–70年：キューバ、アイルランド、韓国（1969）
1980–90年：トルコ、ポルトガル、チリ、中国（1984）
1990–99年：サウジアラビア、クロアチア、スロベニア、ガーナ
2000–2016年：エストニア、ラトビア、リトアニア、キプロス、ケニア、アルジェリア、カメルーン、コロンビア、コスタリカ、ギリシャ、イラン、モンゴル、ペルー、フィリピン、ルーマニア、セネガル、シンガポール、チュニジア、アルメニア

表2　IUPAPメンバー国家と加入年

外されたドイツ

ＩＵＰＡＰ発足時の国名を注意深くみると異変に気付く。老舗と言えるドイツ、オーストリア、ロシアがないのである。ロシアは革命の混乱時で納得がいくが、物理学の実力では、英仏とトップを競っていたドイツ、オーストリアがない。これでは世界を網羅したと言えない程だ。この二国は敗戦国なので意識的に排除され、また、対抗意識の強いフランスが排除にこだわったともいう。ＩＣＳＵの公用語が長くフランス語であったことにもその痕跡が残っていた。ドイツを外して国際を名乗るのは烏滸がましいので、分野ごとに関係修復はあったが、そのうちにナチス・ドイツが孤立路線をとり、ドイツ、オーストリアが加入するのは一九五四年と遅れることになる。ロシアの加入も「平和共存」を打ち出した頃である。

第二次世界大戦前の追加加盟は中華民国のみである。現在も台湾の名で止まっており、中国（中華人民共和国）は文革後の「改革開放」期の一九八四年に新たに加入する。一九九〇年代冷戦崩壊後のソ連邦解体での、名目上の新加入もあったが、それ以外に、アジア、中東、アフリカ、中南米からの新顔が急増しつつある。その一方、リビア、タイ、グルジアのように一旦加盟してもまた消えていくところもある。

分担金／投票数

「消えていく」のは組織である以上会費があるからで、その「支払い」能力は活動の実態を反映する。物理学の研究教育レベル、国家のサイズはまちまちである。国連でもそうだが、こういう内実が違うのに平等に扱うのは妥当でない。そこで分担金と投票数を連動させてランクをつけてある。IUPAPの場合は次のようである。18（分担金）／6（投票数）：米国、ロシア、15／5：フランス、日本、ドイツ、12／5：イタリア、英国、8／4：カナダ、スウェーデン、4／3：ベルギー、オーストリア、オランダ、ポーランド、スペイン、スイス、ブラジル、インド、3／2：デンマーク、ノルエー、南ア、フインランド、ハンガリー、韓国、2／2：チェコ、アルゼンチン、オーストリア、イスラエル、他は分担金1である。

ここで米国とロシアが同格なのは、「両巨頭」という、冷戦時の痕跡だと思う。「ソ連科学の光芒」（第11章）はあるものの、物理学での存在感で英仏独日の上にくるわけではない。

三年ごとの「総会」開催地は以下のようである。パリ一九二三年、ブリュッセル二五、三一、ロンドン三四、パリ四七、アムステルダム四八、コペンハーゲン五一、ロンドン五四、ローマ五七、オタワ六〇、ワルソー六三、バーゼル六六、ドブルニコフ六九、ワシントン七二、ミュンヘン七五、ストックホルム七八、パリ八一、トリエステ八四、ワシントン八七、ドレスデン九〇、奈良九三、ウプサラ九六、アトランタ九九、ベルリン二〇〇二、ケープタウン〇五、筑波〇八、ロンドン一一、シンガポール一四、サンパウロ一七。オリンピック開催地の世界化と比較するのも烏滸がましいが、なんとなく、似たような趨勢を見ることができる。

「冷戦崩壊後のＩＵＰＡＰ」

一九九六年総会での会長報告は「冷戦崩壊後のＩＵＰＡＰ役割」だった。ＳＳＣ建設中止に象徴される、冷戦崩壊後の科学界の地殻変動を拙著『科学と幸福』（岩波現代文庫）で訴えていたので、「ここに及んでいる」と受け取った。基礎研究の関心に特化しているＩＵＰＡＰに特有な事情は、冷戦構造で研究者の自由な交流が阻害されていた時代、この国際組織が東西交流の貴重なパイプになっていたことだ。政治的障害の存在のため、ＩＵＰＡＰは非政治志向の研究者にも不可欠のものだった。

その「障害」がなくなると、新たな役目が問われてくるが、そこは各国の事情で違ってくる。冷戦覇権国家の威信戦争が基礎科学のエンジンに燃料を供給し、他国はこの前進に「追いつけ、追い越せ」のゲームでよかった。この「崩壊」は「冷戦」エンジンを新しいものに取替えないと「前進する」状態を保てない。もちろん、研究資金組織ではないから、「新エンジン」のもとの発展の障害を国際的に取りのぞく役割は何かの意味である。

冷戦崩壊だけでなく、新国家の登場や環境問題などで、科学をめぐる潮流の変化は全般的におこっている。一九九九年に、UNESCOとICSUは「世界科学会議」を招集し、二一世紀の新しい課題志向を科学の駆動源とすべきとのブタペスト宣言を発表した。私は「コミットメント科学」と言っているが、文化も含む社会的課題にコミットするという意味である。

「内向き」vs「外向き」

いささか自信過剰だったバブル期の蓄えと反動なのか、経済の減退に反し、成熟国家にふさわしくスポーツ、文化、科学研究での「世界一」が続く。オリンピックもノーベル賞も、戦争への反省の国際主義の精神運動であったが、最近の日本では「内向き」結束の小道具に利用する動きも強まった。「日本が選ばれる……」にだけ熱狂し、世界を無視する。日本人が滅多に選ばれない時代は、こうした世界からの評価が、世界を覗く窓だった。ところが今は関心を国内の集団に限定し、そのどれに当たるかに興味をしぼる。それだけで十分な内容があると、「外向き」の目が消えるのだ。

この悪習を打破する一つの手は、選定結果だけでなく、決定過程自体に関心を広げることだろう。「選ばれる」を「選ぶ」実力に繋ぐべきだ。「選ぶ」には日本を世界の中に見る視点を生み、世界との対話がうまれ、自らの「病状」を自覚する機会にもなる。科学や文化の国際組織にも関心をむけたいものだ。

幻の「湯川vs大江」

冒頭に「湯川一〇〇年記念」で「ユネスコ」に出会った話をしたが、実は「記念式典」の講演者決定には、その前の経過があった。式典での講演者を発議する立場にあった私は、湯川の人生を語るには、理系以外に、文系の人も要ると考えて思案し、大江健三郎の名が浮かんだ。核兵器問題は両人の重要なテーマであり、両巨匠の対話に期待した。当時、朝日賞の選考委員を務めていて、同席する機会があったので、この依頼を口頭で伝えた。一瞬、驚かれ、「考えさせて下さい」と言われたが、一ヶ月ほど経った頃、大江から長い手紙を頂いた。私信であるから詳細は省くが、私の密かな名案は幻に終わった。

その頃、京大の事務の方から、式典の際にユネスコ・メダルの披露をさせて欲しいという申し入れがあると聞いた。結局、大江の代案もなく、国際団体による湯川顕彰の披露を、挨拶よりは少し長めに、やって頂くことになったのであった。

あとがき

本書は『現代思想』（青土社）に連載中の「科学者の散歩道」第25回～36回、二〇一六年一月から翌年四月の間に掲載、の文章を再録したものである。単行本には記録的な意味があると考えて加筆をした。この連載の第1回～12回は『科学者には世界はこう見える』、第13回～24回は『科学者、あたりまえを疑う』として青土社から出版した。

今回は、まとめて単行本にすることを考えて、前二作と違って、毎月のテーマをひとつのまとまりのあるものにしたいと思った。そうして、科学界をながく生きてきた自分を歴史の中において考察を加える文章を書いてみようかと思案していた。ところが、梶田氏へのノーベル賞はじめ次々にそそられるテーマが登場した。「散歩道」であるからには偶然に出会った即席性を重視したい気持ちもある。結局、現在的テーマに歴史をみるといった文章と自分の体験を書き残した文章の混じったものになった。

「長州ファイブ」から「ニュートリノ」まで、私自身が出会った科学と科学にまつわる制度やエートスを時代の中にみる視点である。いつの時代でも、社会の趨勢と付き合って生きてきた歴史を描こうとした。記憶にあるのは時代の変貌と随伴する科学の変貌でもある。一種の精神運動から世俗化した巨大なエンタープライズに変貌した『職業としての科学』(岩波新書)は、様々な精神性の人間をまきこんで、時代に生きるみちを模索していくのであろう。

一年ほどの連載を並べてみると、ばらばらでは見えなかった歴史の流れが浮かんできた。そこで「一般の歴史」と「科学とその制度の歴史」を一緒にした「年表」を制作し、そこに連載の文章との関連を表示してみた。年表に記載した項目は、これらの文章との関わりで選定し、また、表の体裁上の考慮をして作ったから、「これがあるなら、なぜ、あれがない?」という声もあろう。ここで強調したいのは、一般の歴史の中に科学をみるという視点である。「歴史のなかの科学」のすがたである。これは何も「両者が強く結びついている」をみるだけでなく、「たがいに独自の動機でうごく」をみるためにも、こうした作業が有効だと思った。

最後に、前書に続いて本書の発行をお世話いただいた青土社の菱沼達也さんに感謝します。

二〇一七年三月　　つつがなく存えている日々に感謝して

佐藤文隆

歴史年表

本書の文章との関係を考慮して、1段目には一般の歴史、2段目には科学やその制度の歴史、を記した年表。この年表の事項に関係する本書の文章の章番号を3段目に記した。また『科学者には世界はこう見える』の章番号を（ ）、『科学者、あたりまえを疑う』の章番号を〔 〕で示した。

年代	できごと	科学の歴史	章番号
1800	53 ペリー黒船	51 ケルビン熱力学第二法則	
	61 米南北戦争	61 マクスウェル電磁場の式	2
		67 パリ万博	
	68 明治維新	68 マッハ「感覚の分析」	2
	70 普仏戦争	70 工部省設置	2
	86 明治憲法	86 帝国大学（東京大学）	2
	94 日清戦争		
		95 X線発見	
		95 無線通信	
	96 第一回オリンピック	97 京都帝国大学	

年代	できごと	科学の歴史	章番号
1900	02 日英同盟	00 プランク量子論	
	05 日露戦争ポーツマス条約	05 アインシュタイン驚異の年	9、(9)
1910	10 日本朝鮮併合	11 宇宙線発見	
	12 大正時代	13 ボーア原子モデル	
	14 第一次世界大戦勃発・日本青島占領	15 一般相対論	4、5、9、12
	17 ロシア革命	17 理研創設	4、5、11
1920	20 国際連盟	20 高木貞治類体論	4、12、(8)、(12)
	23 関東大震災	22 アインシュタイン来日	
	25 治安維持法	25 量子力学	(1)、(2)、(3)、〔1〕、〔3〕
	26 昭和時代		
	29 ブラックマンデー世界恐慌	28 ペニシリン発明	
1930	33 ヒットラー政権	32 中性子発見	5、(10)
	33 国際連盟脱退・満州国		

年代	出来事	科学	章
	36 二・二六事件 38 国家総動員法 39 独ポーランド侵攻	35 湯川中間子論文 35 EPR・シュレーディンガーの猫 38 ウラン核分裂発見	4、5、6、(7) [5]
1940	40 近衛内閣・大政翼賛会 40 三国同盟 41 スターリン指導部 41 真珠湾攻撃 45 原爆投下 45 大戦終結・国連結成 49 新中国	42 マンハッタン計画 45 ユネスコ憲章 49 学術会議発足 49 湯川ノーベル賞	5、12、(10)、 [10] [11] 12、(9)、(11) 4、6 (7)、(14)
1950	50 朝鮮戦争勃発 51 サンフランシスコ条約・日米安保 56 ハンガリー暴動 58 フルシチョフ書記長	53 DNA発見 54 ビキニ被災事件 57 ソ連スプートニク成功 58 米人工衛星成功	11、(11) 11

年代	できごと	科学の歴史	章番号
1960	60 安保騒動 63 ケネディ暗殺 65 米ベトナム北爆 68 ベトナム和平交渉	62 ソ連ガガーリン宇宙飛行士 65 BBのCMB発見 65 朝永ノーベル賞 67 パルサー、ブラックホール発見 68 学園紛争 69 米月面着陸	11 7、10、11
1970	71 新中国国連加盟 73 中国文革 75 ロッキード事件 78 日中平和条約	70 日本初人工衛星 74 クオーク発見 79 アインシュタイン生誕一〇〇年 79 朝永死去	9 9、(9) (7)
1980	81 レーガン政権 85 米ユネスコ脱退 87 胡・趙指導部へ	81 湯川死去 86 チェルノブイリ事故 87 超新星1987Aからのニュートリノ検出	12 1、8、9

年代	出来事	物理の出来事	章
	89 天安門事件	88 プリンキピア三〇〇年	9
	89 平成時代		
1990	91 ソ連崩壊	92 COBEビッグバン宇宙確証	11
	92 クリントン大統領	92 米議会SSC中止	8、11
	95 阪神淡路震災	95 米インターネット商用転換	
2000	01 9・11同時多発テロ中東戦争	02 小柴ノーベル賞	1、8
	04 国立大学法人化	05 世界物理年	7、9、10、12、（9）
	05 学術会議改組	07 湯川生誕一〇〇年	6、12、（7）
	09－12 民主党政権	08 南部・小林・益川ノーベル賞	12
2010	11 東日本震災原発事故	15 梶田ノーベル賞	1、8
	17 トランプ大統領	16 LIGO重力波検出発表	3、10

佐藤文隆（さとう・ふみたか）
1938年山形県鮎貝村（現白鷹町）生まれ。60年京都大理学部卒。京都大学基礎物理学研究所長、京都大学理学部長、日本物理学会会長、日本学術会議会員、湯川記念財団理事長などを歴任。1973年にブラックホールの解明につながるアインシュタイン方程式におけるトミマツ・サトウ解を発見し、仁科記念賞受賞。1999年に紫綬褒章、2013年に瑞宝中綬章を受けた。京都大学名誉教授、元甲南大学教授。
著書に『アインシュタインが考えたこと』（岩波ジュニア新書、1981)、『宇宙論への招待』（岩波新書、1988)、『物理学の世紀』（集英社新書、1999)、『科学と幸福』（岩波現代文庫、2000)、『雲はなぜ落ちてこないのか』（岩波書店、2005)、『職業としての科学』（岩波新書、2011)、『量子力学は世界を記述できるか』（青土社、2011)、『科学と人間』（青土社、2013)、『科学者には世界がこう見える』（青土社、2014)、『科学者、あたりまえを疑う』（青土社、2015）など多数。

歴史のなかの科学

2017年4月25日　第1刷印刷
2017年5月10日　第1刷発行

著者　佐藤文隆

発行人　清水一人
発行所　青土社
東京都千代田区神田神保町1-29　市瀬ビル　〒101-0051
電話　03-3291-9831（編集）　03-3294-7829（営業）
振替　00190-7-192955

印刷所　双文社印刷（本文、カバー、表紙、扉）

製本所　小泉製本

装丁　戸田ツトム＋今垣知沙子

ISBN978-4-7917-6983-4 C0040

佐藤文隆の本

量子力学は世界を記述できるか

科学の最先端として「物理学の世紀」を演出し、
医療やＩＴ、情報工学など
さまざまな分野を革新し続けている量子力学。
しかしその理論は直観的にはまったく「理解できない」ものだった。
量子力学の登場で、
世界は、そして科学の意味はいかに変わったのか……。
いままで誰も語れなかった「本当の」量子物理学の世界。

青土社　定価　本体１９００円（税別）
四六判上製　２４８頁
ISBN978-4-7917-6612-3

佐藤文隆の本

科学と人間

科学が社会にできること

さまざまな場面で科学がほころび始めている。
私たちの社会と科学の関係を見直すべきときがきているのだ。
量子力学の第一人者が、民主主義、教育制度、
あるいは日々の生活の隅々にまで目を向けて、
「科学」と私たちの関係の未来を考える。
日本を代表する物理学者が語る、
これからの科学――。

青土社　定価　本体１９００円（税別）
四六判上製　３０４頁
ISBN978-4-7917-6717-5

佐藤文隆の本

科学者には世界がこう見える

日本を代表する物理学者がみた日常。
そこには、普段わたしたちの見ている世界とは
違う世界がひろがっていた。
ときにスマートフォンの画面に、現代アートのなかに、
天気予報に、誰もが知っている歴史のなかに。
いつもとはちょっと違った世界を見に、佐藤先生と歩いてみよう。
知的興奮と発見に満ちた極上の科学読み物。

青土社　定価　本体１９００円（税別）
四六判上製　２６０頁
ISBN978-4-7917-6834-9

佐藤文隆の本

科学者、あたりまえを疑う

科学の本質を見つめて、
いま起きている社会の問題を考え直したとき、
いつもどおりの世界がすべて不思議に思えてくる。
「科学ってなんだっけ」。
碩学のいまさらながらの問いかけからはじまる
ユニークにして痛快なエッセイ集。

青土社　定価　本体１９００円（税別）
四六判上製　２１６頁
ISBN978-4-7917-6902-5